爸妈必修的 100堂自然课

张蕙芬◎著　黄一峰◎摄影·绘图

The 100 Essentials of Nature Lessons for Parents

商務印書館
创于1897 The Commercial Press

2015年·北京

作者序 4
前言 5

Chapter 1
春天的课堂：生命的盛宴

Lesson 01 树木的苏醒 8
Lesson 02 大家来种树 10
Lesson 03 家庭菜园 12
Lesson 04 种花莳草之乐 14
Lesson 05 狗狗猫猫一家亲 16
Lesson 06 家庭动物 18
Lesson 07 野草博览会 20
Lesson 08 野鸟的家园 22
Lesson 09 黑脸琵鹭返家八千里 24
Lesson 10 迎接八色鸫 26
Lesson 11 都市里的外来椋鸟 28
Lesson 12 都市猛禽 30
Lesson 13 飞鼠觅食 32
Lesson 14 低海拔山林的调色盘 34
Lesson 15 春天的香气之旅 36

Chapter 2
夏天的课堂：享受自然

Lesson 16 高山野花的飨宴 40
Lesson 17 夏之声音组曲 42
Lesson 18 捞虾捕鱼清凉一夏 44
Lesson 19 香鱼与苦花 46
Lesson 20 潮间带寻宝乐 48
Lesson 21 红树林生态乐园 50
Lesson 22 垦丁螃蟹过马路 52
Lesson 23 海漂果解密 54
Lesson 24 抢救中华白海豚 56
Lesson 25 猕猴出没 58
Lesson 26 兰屿季风林 60
Lesson 27 壮哉玄武岩 62
Lesson 28 澎湖夜钓锁管 64
Lesson 29 离岛赏燕鸥 66
Lesson 30 稻米成熟时 68

Chapter 3
秋天的课堂：丰收的季节

Lesson 31 缤纷而多样的生命 72
Lesson 32 自家采种 74
Lesson 33 吃出季节的美味 76
Lesson 34 领受生命莫大恩典 78
Lesson 35 别让放生变杀生 80
Lesson 36 秋天雁鸭水鸟季 82
Lesson 37 跟着飞鸟去旅行 84
Lesson 38 夜鹭与翠鸟 86
Lesson 39 漫步山林的雉鸡 88
Lesson 40 收藏叶片 90
Lesson 41 结实累累的季节 92
Lesson 42 树木的思考 94
Lesson 43 没有家的寄居蟹 96
Lesson 44 瓶瓶罐罐的鸣虫音乐会 99
Lesson 45 纸钞上的台湾动物 100

Chapter 4
冬天的课堂：大自然教我们的事

Lesson 46 地球之肺热带雨林 104
Lesson 47 天然净水器的森林 106
Lesson 48 生命摇篮珊瑚礁 108
Lesson 49 蕴藏宝藏的海洋 110
Lesson 50 净化污水的人工湿地 112
Lesson 51 绿色奇迹的光合作用 114
Lesson 52 空调大师的白蚁冢 116
Lesson 53 崭新材料蜘蛛丝 118
Lesson 54 土壤微生物与奇迹苹果 120
Lesson 55 自然就是美 122
Lesson 56 团结力量大 124
Lesson 57 精兵策略 126
Lesson 58 数大就是美 128
Lesson 59 真真假假难分辨 130
Lesson 60 1%的DNA 132

Chapter 5
亲子共享的自然课

Lesson 61 开启体验自然的感官 136
Lesson 62 理解自然的符号 138
Lesson 63 接触生命 140
Lesson 64 一步一脚印 142
Lesson 65 至爱的寻觅 144
Lesson 66 不同的旅程 146
Lesson 67 知识宝库 148
Lesson 68 自然行脚 150
Lesson 69 倾听自然的声音 152
Lesson 70 完整的人 154

Chapter 6
上菜市场学自然

Lesson 71 本地食材本地消费 158
Lesson 72 带环保袋上市场 160
Lesson 73 应时的食物 162
Lesson 74 海洋牧场 164
Lesson 75 乌鲻鱼与乌鱼子 165
Lesson 76 珊瑚礁鱼类 166
Lesson 77 苏眉与石斑 168
Lesson 78 鲍鱼与九孔 170
Lesson 79 龙虾与螃蟹 172
Lesson 80 鱿鱼、锁管、软丝、乌贼 174
Lesson 81 魩仔鱼 177
Lesson 82 章鱼 178
Lesson 83 鲸鲨 181
Lesson 84 翻车鱼 184
Lesson 85 海蜇皮 186

Chapter 7
日常生活里可以做的改变

Lesson 86 不要喝瓶装水 190
Lesson 87 拒吃鱼翅 192
Lesson 88 少吃金枪鱼 194
Lesson 89 减少吃肉 196
Lesson 90 越来越严重的粮食危机 199
Lesson 91 吃饭皇帝大 200
Lesson 92 为什么渔获越来越少？ 202
Lesson 93 购买环保产品 204
Lesson 94 塑料瓶变身排汗衣 206
Lesson 95 建构低耗能绿建筑 208
Lesson 96 减少开车 210
Lesson 97 来趟生态旅游 212
Lesson 98 为什么都市的夏天越来越热？ 214
Lesson 99 地球气候的变暖 216
Lesson 100 不断发生的自然灾害 218

后记及感谢 220
参考书目及参考网站 222

【作者序】

生命价值的选择

2009年6月出版了《自然老师没教的事》，引起了广泛的回响，不论大人或小孩，都可以在生活周遭体验小小的自然乐趣，从而发觉“自然就在我身边”真是一点也不假。

都市环境的自然观察是认识自然的第一步，让人们对自然不再视而不见，熟悉之后其实还有更深层的知识与责任，特别是为人父母，我们究竟可以留给下一代什么？如何教导孩子成为一个“完整的人”？生命教育并不是学校课业可以完全取代的，反而生活里的点点滴滴影响更大。

有鉴于此，我们再接再厉出版了《爸妈必修的100堂自然课》，其中提供了台湾四季的自然景致，以及大自然教我们的事，还有生活里可以有的选择，这100堂自然课并不是说教，而是期待为人父母可以影响下一代，让我们的自然环境可以永续发展。

进入21世纪之后，其实环境问题已经成为人人都要面对的严苛现实，每年自然灾害不断，地球变暖的恶果已然成为生活的一部分，我们不可能再视而不见，也不可能置身事外，其实每天的衣食住行都是选择，究竟要做有责任感的地球公民，还是持续毫无节制地消费、浪费资源？

许多人都不喜欢谈论环境保护，觉得既悲观又沉重，也会让人有很深的无力感，但既是“人身难得”，而且我们每个人都“无所逃于天地之间”，何不在还有选择权的时候做一些改变？每一个人的一小步都将成为整个世界的一大步。

当然，最重要的开始还是要“有心”，开始关心，开始思索，开始吸收相关知识，开始实践，然后才会开始改变。期待生活在台湾的人，爱护环境、爱护自然不再只是口号，而是可以从生活实践来改变现状，不再只是追求经济增长的数字，而是让低耗能的生活方式成为可能。

这100堂自然课将提供许多层面的信息，让大家可以知道隐而不见的事实，以及生活上可以改变的选择。1992年巴西里约热内卢地球峰会上，来自加拿大的12岁女孩说了一段发人深省的话：“我在这里要替未来的世代说话；我在这里要代表在世界各地挨饿、没有人听到他们哀号的儿童说话；我在这里要替地球上因为无处可去而面临死亡的无数动物说话……你们不知道怎么让鲑鱼重新回到干涸的小溪，不知道怎么让绝种的动物死而复生，也不知道怎么让现在变成沙漠的森林重新生长。如果你们不知道怎么修复，就请别再破坏。”

快20年过去了，我们做到了哪些？

光是停止破坏还是不够的，其实答案早就存在于生生不息的大自然里，以大自然为师，向大自然学习，才有机会找到正确的方向。

【前言】自然生活的实践

对于生活在一个“又热又平又挤”世界的人而言，未来的愿景该是如何？人类的问题尚且无解，又如何能够关照自然环境？在我们的心里，为了不被无力感或愧疚感淹没，于是将生活与环境问题做了分割，只要“不知道”就不会不安，反正也改变不了什么。但也有人反其道而行，选择了人烟稀少的路径踽踽独行，努力向大地学习，寻求自给自足的简朴生活方式。

其实每个人每天的衣食住行，无一不与环境有关。我们喝的水，呼吸的空气，白天的太阳，吹拂的微风，吃的食物，穿的衣服，住的房子，每一样都是环境的产物，我们怎么可能与环境分割。真实面对问题，寻求可能的答案，渺小的个人或许很难改变什么，但有心就会愿意去做，从生活中实践，一点一滴累积，终究也能滴水穿石。

大自然是我们最好的导师，学习自然知识，了解自然生态系统的运作，向大树学习，或许才能找出自然生活的实践之道。日本木村爷爷的奇迹苹果，是花了30年的岁月才摸索出来的，感人的是永不放弃的精神，以及恢复生机的土壤和苹果树。整个过程一点都不容易，可能也不会有第二个木村爷爷的出现。

但我们还是有选择的，至少关心自然，享受自然的恩赐，带领孩子理解自然的语言，这些都是生活上做得到的事。而衣食住行也一样，例如多搭乘公共运输工具，少开车，购买本地的食材，支持从事有机农作的农民，自己携带水壶、餐具，垃圾减量，多绿化，多种树，改善生活环境，善待周遭的生命。只要有心，就会不厌其烦地在生活中实践。

大自然的四季变化和丰沛的生命，无一不是我们心灵的最大慰藉。春天草地冒出的紫色通泉草，透露了大地回暖的讯息；街道骑楼里家燕忙进忙出，忙着筑巢和哺喂雏鸟；台湾拟啄木鸟一声声敲木鱼的嘹亮鸣声揭开夏天的序幕；震耳欲聋的蝉鸣是炎夏的背景音乐；秋风起，一拨拨候鸟飞临台湾，世界级的鹰群迁徙景观和黑脸琵鹭大驾光临，让台湾的秋天精彩极了；冬天是自然沉睡的季节，也是捡拾落叶、松果的好时机，更是欣赏树木千姿百态的季节。

听得到大自然的心跳，生活怎么可能会枯燥，而与各式各样的生命不期而遇，更是生活里的大惊喜。这些微小的一点一滴都会带给我们确切的幸福感受，也因此自然而然更加关爱我们的生活环境，一步一步实践自然生活的选择。

沉寂许久的大自然，
草地抹上一片浅紫，通泉草捎来春的讯息，
树梢枝头爆出满树的粉红、桃红，
钟花樱桃是众所瞩目的焦点。
紧接着相思树的黄色花海、油桐的白花盛宴，
将台湾春天的山野装点得让人目不暇接。

春天的课堂：
生命的盛宴

The 100 Essentials of Nature Lessons
for Parents

枫香在春日淡红的色调，
是春天最美的色调。

Lesson

01

The 100 Essentials
of Nature Lessons for
Parents

春天的课堂：生命的盛宴

树木的苏醒

春天是赏树的季节，不论是常绿树木或是落叶树种，都有可观之处。像樟科的红楠就是春天的主角之一，原本伫立枝头的沉默冬芽，随着气温的回升，开始有了变化，不仅颜色逐渐变红，芽体本身也膨胀不少，一个个叶芽就像是粉嫩的小猪脚，也因此红楠常被称为“猪脚楠”。等到某一温暖的春日早晨，万事俱备的叶芽打开了，露出里面鲜嫩的红色幼叶，外围的红色苞片完成保护幼叶的任务，一一随风飘落，成为春天山野极美的景致之一。

即使是满树苍绿的樟树，到了春天也有另一种风貌。原本一致的绿变成不同的层次，多了许多新长出的幼叶，嫩绿、浅绿、苍绿到黄绿，在阳光的衬托下更为引人，那样的绿是我们调不出来的，但在樟树身上却是如此美丽而协调。

落叶树木的苏醒远比常绿树木来得明显，像大家熟悉的枫香，平展光秃的枝条抹上淡红的色调，很快转变成嫩绿，接着完全开展的新绿是春天最美的色调，代表着生命的重生与力量，尤其枫香的树形高大醒目，这种感染力量更是强而有力，很难不引起共鸣。

另一种含蓄得多的小叶榄仁树，虽然不像枫香那般轰轰烈烈，但它的苏醒有另一种层次的美，像一种沉默的力量，需要细细品味。其实小叶榄仁的姿态极美，冬天光秃的枝条让人一览无遗，突然之间长出一点一点的新绿，好似害羞又带点不确定，默默地在枝梢上点燃绿色火焰，看到的人无不感染到新生命的喜悦，又是新的一年了。

不过春天树木的主角自然非钟花樱桃（俗称山樱花）莫属，它的苏醒带来强烈的戏剧效果，花苞开始有了变化，原本小而干扁的芽苞，随着温度的变化而膨大，最后芽苞成为点点粉红，有一天突然集体绽放，满树的粉红或桃红，不看到它们也难。钟花樱桃的苏醒将台湾的春天带向高潮，接下来忙着觅食的山鸟或昆虫也要进入繁衍的高峰，春天的生命盛宴由此揭开了序幕。

红楠的一个个叶芽，就像是高挂枝头的粉嫩小猪脚。

春天小叶榄仁树的黄绿嫩芽有另一种层次的美。

Lesson 02

The 100 Essentials of Nature Lessons for Parents

春天的课堂：生命的盛宴

大家来种树

最近几年“种树”成为极热门话题之一，特别是气候变暖问题是大家都关心的，只要能够减少二氧化碳排放，不论政府或民间团体无不勠力以赴，尽力倡导。根据“林务局”的研究数据，地球上每多一棵树，一年可以减少12公斤的二氧化碳，如果全台湾2300万的人口，每人都种一棵树，预计一年可减少27亿公斤的二氧化碳。

树木的绿叶行光合作用，将空气中的二氧化碳与树木吸收的水分，经由阳光的作用，合成碳水化合物并释放出氧气。只要是念过生物的人，对光合作用一定不陌生。但真正要把种树与减碳画上等号，其实没有这么简单的计算公式，反而比较像是安慰剂，让大家不要人心惶惶。

不过种树还是应该要大力提倡的，特别是台湾的都市居住环境，绿地普遍不足，树木对于都市生活质量的改善是有目共睹的，包括改善空气质量、夏天有利于降温，当然还有美感上的陶冶，树木一年四季的变化，不同风貌的展现让都市人也能嗅得一丝自然的气息。

春天是适合种树的季节，台湾也明定3月12日为植树节。如果家里有一小块庭院，不妨规划一下，挑选自己喜爱的树种。十余年前我有了一小块地，于是开始种树，原本荒草蔓生的小花园慢慢有了自己的风貌，因为特别偏爱会开花的树，所以选择了钟花樱桃、流苏树、柚子、十大功劳等春天开花的树种，每年最期待的就是春天繁花盛开的景象，有粉红、白色、黄色等缤纷色调，还有热闹非凡的野鸟和昆虫都一一来造访。

随着岁月的增长，这些树木日益茁壮，不仅树围变粗了，也从原本的小树长成两层楼高，现在成为我家猫咪最喜爱眺望的标志物，因为树上常有不速之客造访，而猫咪只要趴在窗前就可以看得一清二楚。因为有这些树木，花园的生命变得丰富极了，也带给我许多生活乐趣。

见到钟花樱桃开花，代表热闹的春天又即将到来。

流苏的白色花朵，像下雪一般布满了整棵树。

Lesson 03

The 100 Essentials of Nature Lessons for Parents

春天的课堂：生命的盛宴

家庭菜园

自家菜园采收的蔬果，
不但健康可口，而且充满了成就感。

自家的阳台种植蔬果，只要细心照料，也能结实累累。

只要有一个小空间，就能变身都市里的快乐农场。

家庭菜园的乐趣是让我们这些不事生产的都市人，可以有机会亲近原本只出现在菜市场、餐桌上的植物，从小苗开始照顾，蔬菜一般生长快速，很快就能收成，成就感十足，吃在嘴里的滋味也大不相同，尤其是现采现吃，风味完全不会流失。

有的人是到农场租一块地，闲暇时以种菜自娱兼运动。若嫌舟车劳顿，其实自家的阳台或屋顶也一样可以变成家庭菜园。刚开始比较辛苦，毕竟要先准备栽植箱以及适合的培养土和肥料等，这些装置一一备妥后就可以开始种菜了。

花市或菜市场都有菜苗出售，建议选择生长快速、少虫害的瓜果类，如西红柿、丝瓜等，不仅果实可食，连花朵都可赏，如果空间较大，也可考虑种木瓜，木瓜的叶片漂亮，很快就可结果，凉拌青木瓜清爽可口，吃不完的果实也可留给野鸟吃。此外许多香药草也很适合在家种植，像是九层塔（也称罗勒）、薄荷、芫荽、迷迭香等，一小盆就可吃上一季，不论是泡茶或做菜，现采的香气是什么都比不上的享受。

若庭院有空地，只要先整理一下，就可以开始种菜了。有一年爸妈突发奇想，整理了花园旁的一小块地，开始种起南瓜和葫芦，瓜藤成长快速，结实累累，果实多到吃不完，还要开车载着个头不小的瓜果，一一分送给邻居。我的花园里也曾种了一株木瓜树，连续几年都丰收，只是天天凉拌青木瓜也吃腻了，后来就不采收，留给大自然里的生物。

Lesson

04

The 100 Essentials
of Nature Lessons for
Parents

春天的课堂：生命的盛宴

种花莳草之乐

印象中家里一直少不了植物，小时候家里还有菜园，爸爸虽是公务员，但下班或假日都得忙着照顾菜园。后来搬迁至新店的公家宿舍，小小的公寓阳台还是摆满了植物，绿意盎然的阳台是那段岁月的美好记忆。时至今日，爸妈和我都有了期待已久的庭园，也种了许多自己喜爱的树木、兰花等植物，照顾它们成为生活中不可或缺的乐趣。

大学念的是园艺系，不过当时台湾的生活水平还未能将种花莳草当成生活休闲娱乐，重点还是在于食用的蔬菜、水果。毕业后几年因缘际会下，创办了一份《绿园艺生活杂志》，而台湾的生活也悄悄改变了，都市中喜爱园艺的人日益增多，从周末假日花市里汹涌的人潮可见一斑。

对于生活在都市丛林的人而言，植物就像一扇通往大自然的窗口，植物的绿让人精神放松，而美丽的花朵和累累果实更是美感的源泉。照顾植物自然会放慢自己的脚步，细心摘除枯叶，浇水和除草，享受的是与植物相处的片刻，“慢活”对喜爱种花莳草的人其实一点都不难，是再自然不过的事。

闲暇逛街时，最喜欢看到绿意盎然的公寓阳台，不同的季节有不同的花朵跟路过的人打招呼，那种意外的惊喜会让人高兴一整天。

水生植物容易种植，近年来也大受欢迎。

兰花人人都爱，只是照料时要加倍细心。

多肉植物对水分需求不高，十分适合都市种植。

Lesson

05

The 100 Essentials of Nature Lessons for Parents

春天的课堂：生命的盛宴

狗狗猫猫一家亲

和猫咪感情融洽的小朋友，是旅行到四川丹巴的难忘记忆。

对于生活在都市环境的大多数人而言，最常接触的动物应当属猫咪与狗狗，它们已是人类生活中不可或缺的一部分，也带给人们许多生活乐趣。

从小家里一直都有猫咪和狗狗，当时并不是把它们当宠物养，而是有实用目的，例如猫咪专门负责对付老鼠，而狗狗则要看门。但对于它们的喜爱早已深植我心，以至现今的生活完全不能没有它们。

从小到大与猫狗相处的经验，让我深深觉得让孩子从小照顾猫狗，是最好的生命教育，懂得善待其他的小生命，才会真心关怀大自然。而且猫狗对人类无条件的付出与感情，是很珍贵的生命体验，也可以让感性的部分完整发展。

许多父母都认为生活空间太小，或者生活忙碌、无暇照顾，或是以容易过敏为由，因此完全不考虑让猫狗成为孩子的动物伙伴。甚而有的还复制自己恐惧动物的经验，让孩子完全不敢接触猫狗，在街上碰到也是惊恐得哇哇大叫。

西方国家的家庭多把猫狗当成家人，其进步的法治甚至将动物福利的保护都纳入体系，有专属的动物警察执法，以遏止对动物的不当行为或饲养疏失。虽然中国台湾也有动物保护规定，但未获应有的重视，虐待猫狗的悲剧还是时有所闻。多么希望我们居住的城市会成为对猫狗友善的城市，有足够的休憩空间让狗狗散步、运动，每一角落都像猫城猴硐一样，让猫咪悠游无虑。

花莲柚子家民宿的菱角妹妹从小和狗狗玩在一起。

甲虫是许多大人和
小孩钟爱的宠物。

Lesson 06

The 100 Essentials of Nature Lessons for Parents

春天的课堂：生命的盛宴

家庭动物

家庭动物除了猫狗之外，其实还有许许多多的小动物，一样可以带给我们莫大的乐趣，而且照料起来一点都不麻烦，家有小朋友的爸妈，或许可以考虑现有空间的大小，选择适合的小动物，让孩子有机会接触生命，并且亲自照顾它们。

小鱼缸的鱼应该是首选之一，特别是叉尾斗鱼，照料容易，生命力坚强，每天只要喂食少许饲料即可，水缸的清洗和维护也很容易。其他如孔雀鱼或红球等小鱼也都是很容易照顾的种类。

小乌龟也是很多小朋友的最爱，但很多乌龟的体型都不小，虽然刚买回来只有一丁点大，几年后可能就无法养在缸里。如果不是有把握照顾它们一辈子，最好不要选择寿命很长的乌龟。台湾野外或是公园里的水池几乎都有弃养的巴西龟，已经成为严重的生态问题。

生命短暂的甲虫是夏天的首选动物，一个饲养箱就足以提供其所需。外形奇特可爱的独角仙或锹甲是许多小朋友的最爱，即使生命结束之后，也可留下来成为收藏的昆虫标本。

角蛙、变色龙这类两栖爬虫类宠物也在近几年大行其道，特殊的造型样貌，让大人小孩都为之疯狂。但这一类生物大多都来自热带，饲养难度高，照料需要有加倍的耐心，不太适合没有养过这类生物的人买来当宠物，购买时必须三思。

此外小仓鼠、小白兔或是鹦鹉、小鸟也都有各自的拥护者。不论选择的是哪一种小动物，最重要的原则还是不能伤害大自然，不要选择野生动物，而要以人工繁殖的种类为主。而且一定要从一而终，绝对不能中途弃养，并且教导孩子善待小动物，把每个生命当成自己的家人来照顾。

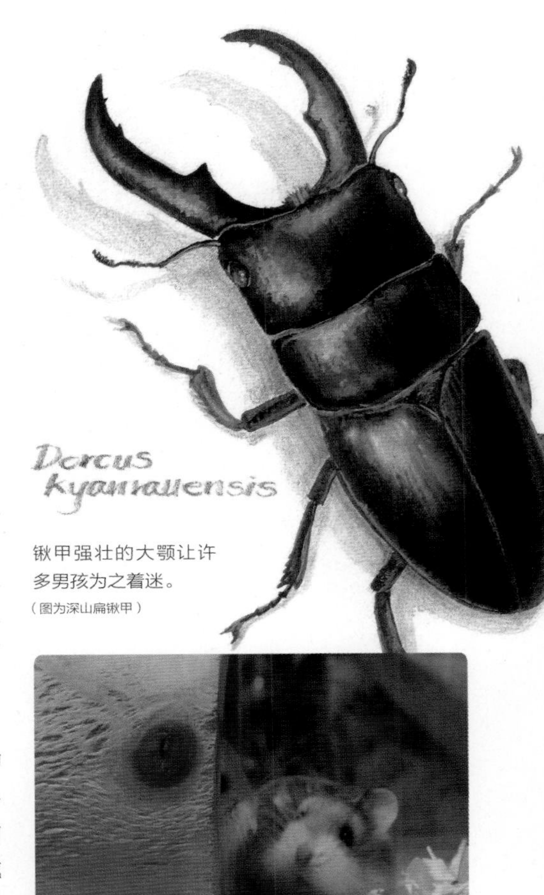

锹甲强壮的大颚让许多男孩为之着迷。
（图为深山扁锹甲）

小仓鼠有可爱的模样，是许多女孩的宠物首选。

巴西龟虽然模样可爱，但饲养长寿的它必须三思。

挑战一下“霸王草争霸战”，看看哪一个人的草会先断掉？

Lesson

07

The 100 Essentials of Nature Lessons for Parents

春天的课堂：生命的盛宴

野草博览会

春天的草地真精彩，是大自然举办的野草博览会，无需门票，也不用花大钱栽种，时间一到，不同的野草种类一一粉墨登场，将草地装点得色彩缤纷无比。想要欣赏台湾春天的野草博览会，每个人需要的是一颗细腻的心、一双细心的眼睛，以及愿意随时弯曲的腰，相信就可以好好欣赏小野草之美。

首先登场的是紫色小花的通泉草，原本一片寂静的绿色草地，随着温度的回升，小小的唇形花瓣突然整齐地冒出来，阳光照耀下，宛如草地上的点点星光。

接下来是温暖的黄色小花，如黄鹌菜、中华小苦荬、鼠麴草等菊科小野花，是黄色的主角野草，还有可爱迷你的黄花酢浆草也掺杂其间，一起组成了春天黄色的调色盘。

其中鼠麴草到了清明时节，摇身一变，鲜嫩的茎叶成了青团不可或缺的材料之一，大快朵颐之余，清香的草味也成为春天的记忆之一。

有一天春天草地突然冒出点点红火的小果实，宛如草莓的超迷你版，不睁大眼睛还看不到。原来是可爱的蛇莓，旁边还看得到小小的白色花朵。

温度再持续回升，就轮到红花酢浆草上场了，大而肥美的叶片是小朋友最爱的霸王草，不妨挑战一下“霸王草争霸战”，打钩钩，看看哪一个霸王草会先断掉？接着整片的鬼针草和熊耳草是下一阶段的主角野草，看到它们成片繁生，通常意味着春天即将结束，炎热夏天的脚步近了。

红花酢浆草的花在草地间绽放，让人不由得多看它两眼。

鼠麴草晶亮的黄色小花让它在草地间十分显眼。

中华小苦荬的黄花如风车一样在草地间绽开。

都市三侠之一的白头鹎，在都市里也十分容易观察到它的巢。

Lesson

08

The 100 Essentials of Nature Lessons for Parents

春天的课堂：生命的盛宴

野鸟的家园

随着春天气温的回升，野鸟也开始蠢蠢欲动，先是寻求配偶，然后将鸟巢准备妥当，就可以开始为下一代忙碌了。这个季节也是昆虫大量孵化的时候，为野鸟提供了多样的蛋白质来源。

其中都市人最容易看到的当属骑楼的家燕筑巢，它们的泥巢巧妙地固定在墙壁上，即使人来人往也丝毫不受影响。家燕的飞行技术高超，常见它们穿梭车阵间，快速捕捉小昆虫，一天之内不知往返多少趟，才能喂饱巢内嗷嗷待哺的雏鸟。家燕与我们生活在同一屋檐下，对都市环境也适应良好，是观察鸟巢的首选推荐。

白头鹎和暗绿绣眼鸟的巢也颇为常见；暗绿绣眼鸟偏爱枝叶茂密的树种，像提供花蜜和果实的钟花樱桃，树上常常可以发现暗绿绣眼鸟的杯状巢。不过因为暗绿绣眼鸟的体型小，鸟巢也极小，因此很容易忽略过去，常常到了秋冬季节，树木脱掉茂密的树叶之后，看到一个个小巧的巢挂在枝头上，才恍然大悟，又有多少窝的新生命诞生了。

这几年随着台湾紫啸鸫逐渐在我居住的小区落户之后，才第一次有机会听到它们美妙无比的求偶歌声。平常“艺高鸟胆大”的台湾紫啸鸫，呼啸而过总能听到尖锐无比的金属声音，有人还形容为紧急刹车声，声音真的跟美妙沾不上边。但一到了春天的求偶季节，公鸟的歌声宛如天籁，真的让人有种“此生不悔”的惊喜感，而且特别的是它们总爱挑天色昏暗的清晨四点多或是黄昏五六点唱歌，或许这种时段比较没有干扰，可以好好来段咏叹调。自从听了台湾紫啸鸫缠绵悱恻的求偶歌曲之后，发觉一般的鸟鸣声不再能够满足我，于是年年期盼春天早点光临，好让我一饱耳福。

家燕与我们生活在同一屋檐下，是容易观察的鸟类。

台湾紫啸鸫的情歌只有在清晨和黄昏可以听得到。

黑脸琵鹭平时一身黑白装扮，等到初春时分，它换上金黄色繁殖羽，就说明它即将北返繁殖了。

Lesson 09

The 100 Essentials of Nature Lessons for Parents

春天的课堂：生命的盛宴

黑脸琵鹭返家八千里

2009年公共电视推出了黑脸琵鹭的珍贵纪录片，通过影像记录，让生活在台湾的人可以亲眼见证这群娇客返家八千里的艰辛与动人之处。

每年4月春天回暖之际，该是黑脸琵鹭北返的时候了。整个冬季一身雪白的黑脸琵鹭，准备繁殖的成鸟会开始出现鲜黄色的胸斑以及美丽的羽冠，因此这个季节到台南曾文溪口可以欣赏到最美丽的黑脸琵鹭，同时也可欢送它们北返，回到位于韩国、中国东部与东北部的繁殖地，期待它们顺利繁衍下一代，再于秋季的10月回来中国的台湾越冬。

黑脸琵鹭在全世界的数量剩下不到两千只，被列为濒临绝种的鸟类，在中国台湾也将其列为第一级濒临绝种的保护动物，受到法律完善的保护。

由于黑脸琵鹭备受瞩目，加上台湾的越冬种群数量几乎都多达千只以上，是全世界最大的越冬群体，这个全球的关注焦点让台湾的保护运动得以与世界接轨，同时也让曾文溪口大面积的湿地得以保存下来。

如今二十余年下来，除了曾文溪口之外，其他如宜兰溪口、塭底、竹安等湿地，以及西部、东部沿岸较大面积的湿地，都陆续出现黑脸琵鹭的记录，显见国际合作的保护工作有成效。

看着黑脸琵鹭成群漫步在河口轻松觅食，以长而扁的嘴喙在水里扫食，那种景象让人百看不厌。就让我们继续守护台湾珍贵的湿地，好迎接年年返家越冬的黑脸琵鹭。

每年在曾文溪河口湿地都有上千只黑脸琵鹭在此越冬。

黑脸琵鹭有犹如饭匙的嘴喙，模样十分特殊。

两只黑脸琵鹭亚成鸟正在互相理羽。

Lesson
10
The 100 Essentials of Nature Lessons for Parents

春天的课堂：生命的盛宴

迎接八色鸫

八色鸫在育雏的时候，会不断穿梭在林间寻找食物，直到咬满一嘴的蚯蚓才飞回巢中哺育幼鸟。

色彩鲜艳绝伦的八色鸫是台湾的夏候鸟，每年的4月底5月初从东南亚等地飞抵中国台湾，在台湾繁衍下一代，然后再于10月或11月离开，至华南或东南亚的越南、苏门答腊、婆罗洲等地越冬。

八色鸫的名称源起于身上的浓绿、蓝、淡黄、黄褐、茶褐、红、黑和白等八种色彩，这一群鸟类娇客在全世界的总数量不过几千只而已，由于八色鸫生活的森林依然面临强大的开发压力，因此数量可能还在持续减少中。台湾云林县林内乡一带是八色鸫繁殖密度较高的地区，由于数量并不多见，在台湾也被列为第二级珍贵稀有的保护动物。

八色鸫喜爱在浓密且多样性高的林间活动，通常在灌木的底层筑巢，不过生性谨慎隐秘，只有在觅食时比较容易发现它们的踪迹。食物以蚯蚓、大型昆虫等无脊椎动物为主，拍摄八色鸫的摄影者最常捕捉到的画面就是嘴喙塞满蚯蚓，真不知它们怎么能够一口气将嘴喙塞得满满的。

八色鸫在台湾的声名大噪肇始于一场保护家乡的运动，云林县林内乡湖本村为了让八色鸫可以在此安心地繁衍下一代，现已成立湖本生态村，进行以发展生态旅游为主要诉求的小区营造运动。由于保护用心，目前已成为全世界最容易看到八色鸫的著名地点，吸引许多国内外赏鸟团体到此朝圣，堪称是人鸟双赢的最佳范例之一。

八色鸫白色的肚子上有一块红斑，色彩十分特殊。

云林县林内乡湖本村为了保护八色鸫，成立了湖本生态村，进行以发展生态旅游为主的小区营造，提供想欣赏八色鸫的民众一个非常棒的信息中心，也是生态旅行的极佳去处。

Lesson

11

The 100 Essentials of Nature Lessons for Parents

春天的课堂：生命的盛宴

都市里的外来椋鸟

市民

在台北街头流窜的外来亚洲辉椋鸟，族群众多，俨然是街头小霸王的态势。

大家可能不曾特别留意过，外来种的椋鸟科鸟类已悄悄在我们生活周遭落地生根，而且还特别喜爱都市环境，对于许多人工设施或建筑物都适应良好，俨然成为台湾都市的“新住民”了。

这些外来的椋鸟当初引进台湾大多是作为宠物鸟之用，不论是被弃养或是逃出鸟笼的个体，它们大多可以生存下来，同时也开始自行繁殖，如今到处可见的家八哥已严重威胁台湾原生八哥的生存。家八哥早已成为全世界著名的入侵种鸟，由于繁殖迅速，会大量消耗环境里的食物来源，严重排挤八哥的生存空间，同时也会占据八哥喜爱的筑巢地点，导致八哥的数量锐减，只能退守至家八哥较不喜爱出没的农村地带。

虽说家八哥是个惹人嫌的外来鸟种，但如果撇开它们的生态危害不谈，其实它们也是颇有可观之处。一身咖啡色鸟羽，头顶没有八哥特有的丛状冠羽，眼睛四周鲜黄色的裸皮十分显眼，让您不记得它也难。不过家八哥最有趣的还是它们模仿声音的本事，真的是惟妙惟肖，常让人误判，以为是碰到别种鸟，但定睛一看，才知道又受骗上当了。有时觉得家八哥就像是调皮捣蛋的青少年，不恶作剧一下是不会罢休的。

此外，近二十年来亚洲辉椋鸟已经成功地定居在台北、台中、彰化、嘉义、高雄、宜兰等都市内或市郊，这种人工引进的外来椋鸟，全身黑绿色，在阳光下带有明显的墨绿色闪亮光泽，非常适应都市环境，因为都市里的公园树木或行道树能大量提供它们食物来源或栖息活动的场所。亚洲辉椋鸟有群居性，白天会成小群觅食，到了黄昏时分就开始群集至固定的高处停栖，不停地喧哗或各自整理羽毛，天黑前才飞到夜栖的大树过夜。辉椋鸟在台北市常挑选高楼的招牌、路标或交通标志的横向钢管来筑巢，每年5至7月是它们的繁殖期。这段时间过马路时，不妨多多留意一下红绿灯的钢管，不难发现亲鸟忙进忙出，没多久幼鸟也会冒出来。刚离巢的幼鸟就有很好的飞行能力，在行道树与大楼之间穿梭自如。繁殖期过后，几个家族的亲鸟和幼鸟又会集结一处，过着群居的生活。

脸上有黄色裸皮的家八哥有模仿声音的本事。

每到傍晚，几百只辉椋鸟会聚集在台北车站附近的树上准备过夜。（此为亚成体）

春天的课堂：生命的盛宴

都市猛禽

只要听到蛇雕响亮悠扬“呼悠——呼悠——呼悠——”的叫声，抬头往天空寻找，就能看到它翱翔天际的身影。

Crested Spilornis cheela

在新北市的新店广兴，常可见到鱼鹰（鹗）表演捕鱼特技。

赏老鹰（黑鸢）是基隆港著名的赏鸟活动。

由于人类一再入侵其他生物的家园，适应力差的通常退守至破碎的栖地苟延残喘，而少数适应人类生活环境的种类，则反而利用优势逆转，在都市环境中赢得一席之地。

猛禽类的鹰或猫头鹰一般还是必须倚赖森林为生，都市中出现的猛禽以凤头鹰最具代表性。凤头鹰对于环境的适应力很强，是台湾唯一能够全年生活于都市区的日行性猛禽，而且还可以成功繁殖下一代，如今在台北、台中、台南等都市日益普遍。例如台北的植物园就有凤头鹰的巢，吸引许多爱鸟者长期守候。大安森林公园的生态日趋丰富，大批的家鸽、麻雀、松鼠穿梭其间，自然成为凤头鹰最好的觅食地。不过想要找到凤头鹰，还是得往上看，斑驳的身影隐身于树冠间，考验赏鸟人的眼力。不过它们大多数时间都停栖在树上，飞行时间不长，因此只要在树上找到它们，通常可以尽情看个够。

蛇雕是我最为偏爱的鹰类之一，或许因为它们经常出现在家园周遭，特别是好天气的早上，很容易听见蛇雕响亮悠扬的“呼悠——呼悠——呼悠——”鸣叫声，顺着声音的方向寻找，可以看见一只或数只蛇雕一边缓慢盘旋、一边鸣叫，有时还看得出来是相互嬉戏追逐，让人心向往之。蛇雕特别喜欢吃青蛇，有一次清晨7点多出门，车子开在山路上，一只衔着蛇的蛇雕竟然迎面而来，差点撞个正着，幸而它马上拉高腾空而去，不过这惊险万分的画面早已让开车的姐姐吓出一身冷汗。

此外，老鹰以前在台湾非常普遍的，也算是大家熟知的猛禽之一。早年农家放养在外的鸡最怕老鹰来袭，常常损失惨重。但随着生存环境变化，老鹰已成为罕见且受保护的猛禽之一，如今只有在基隆港比较容易看到，也成为当地最著名的赏鸟活动的主角。老鹰是自然界的清道夫，以人类丢弃的禽畜及海鲜的内脏肉块、死鱼、小动物死尸、厨余等为食，是清理环境的好帮手。

鱼鹰虽然不算是常见的猛禽，但它们多半出现于有丰富鱼源的人类聚落之水域周遭，加上不太怕人，所以成为观赏猛禽的重点种类之一。鱼鹰觅食的画面很好看，捉到鱼后通常飞到水域里或岸边的立桩、蚵架、漂流木、石堆等处进食或停栖休息。像我住家附近的新店燕子湖，每每到了鱼鹰出现的季节，岸边总是挤满了赏鸟人或拍摄者，蔚为壮观。

都市公园里食物充足，俨然成为凤头鹰的栖身之所。台北市的大安森林公园，每年都有繁殖记录。

生活在中海拔山区的红白鼯鼠，
也是台湾的飞鼠成员之一。

Lesson

13

The 100 Essentials of Nature Lessons for Parents

春天的课堂：生命的盛宴

飞鼠觅食

在树上高来高去的“飞鼠”，大多生活在山区的树林里，其中以霜背大鼯鼠最为普遍，从100米的低海拔到2600米高的森林都有。其实不要认为一定要往山里跑才看得到霜背大鼯鼠，台北盆地边缘的低海拔山林也有机会看到它们。另一种红白鼯鼠只有中海拔山区才看得到，它们生活的森林海拔高度比霜背大鼯鼠整整多了1000米。

飞鼠最吸引人之处自然是它们的“飞行”能力，不过那并不是飞而是滑翔。飞鼠前脚和后脚之间的身体两侧有大片皮膜相连，撑开之后就像一个风筝，可以在树木之间滑翔，不过飞鼠只能向下滑翔，因此移动前它们往往要先往高处攀爬，找到适合的地点之后再一跃而下，通常可滑行20至30米远。

飞鼠的活动时间是在夜晚，白天大多躲在树洞的巢里休息，完全不见踪影。日落后一小时左右，飞鼠才会开始活动，越夜越美丽，晚上9点和深夜2点是飞鼠的活动高峰，然后日出前一两个小时就回巢休息了。因此想要观察飞鼠，势必要在晚间进行，不过不熟悉野外的人并不推荐单独行动，最好还是参加团体的解说活动为宜。

第一次看到飞鼠是在《鸣虫音乐国》作者许育衔位于三峡的农场，当时主要是为了欣赏萤火虫之美，结果萤火虫一闪一闪亮晶晶大会告一段落之后，刚好碰上飞鼠窝在高大的亚历山大椰子的顶梢大啃果实，以手电筒照过去，只看见两颗反光的红色眼睛，是霜背大鼯鼠没错。根据许育衔的观察，只要是椰子的结果期，飞鼠几乎每晚造访，而且往往是固定的椰子树。飞鼠开始进食之后大概都会待个三四十分钟之久，所以发现它们之后可以好整以暇地慢慢欣赏。

台北的富阳公园由于临近山边，原生的低海拔山林十分繁茂，多样的树种提供了霜背大鼯鼠丰富的食物来源，特别是长嫩叶、嫩芽或结果繁多的春天，是值得造访的好地点。观察飞鼠的最大乐趣就是看它们吃得忘我，有时露出小小脸庞，可爱的模样跟松鼠差不多。

在台北的公园里就能见到霜背大鼯鼠，让人十分开心。

霜背大鼯鼠来到结满果实的树上，大快朵颐一番。

它们以滑翔的方式在树与树之间移动。

Lesson

14

The 100 Essentials of Nature Lessons for Parents

春天的课堂：生命的盛宴

低海拔山林的调色盘

由于家住新店的低海拔山区小区，每年到了气温回暖的春天，天气变得舒适宜人，是适合外出散步的季节，同时山景也不断变幻色彩，让人目不暇接，是全年最美的时段，天天都迫不及待出门，和狗狗一起享受灿烂的春光。

首先上场的自然是闻名遐迩的钟花樱桃。先开的一定是桃红色系的山樱，等到它们全部盛放、凋零到长出鲜嫩的绿叶之后，换成粉红色系的山樱登场，像是接续前者般绽放，色调则转成轻快优雅的粉红。最后一轮则是日系的樱花，包括吉野樱、富士樱、八重樱等，它们的色系更加清淡，但花瓣飘零时别有风味。

等到樱花全都长出绿叶后，山坡上原本平淡无奇的绿色山林，树冠上纷纷抹上鲜黄的色彩，让人眼睛为之一亮，是相思树开花的季节了。此时此刻是相思树最美的季节，其实它们的黄花极小，但数大便是美，满山遍野的黄，让您不想看到也难。不过相思树盛放时，空气中会有股奇特的酸醋味，闻过一次终生难忘。

灿烂的红黄色系将春天装点得美轮美奂，为了让视觉不致疲劳，之后登场的是洁白如雪的油桐，满山满谷开得热闹非凡，原本完全无法分辨你我的绿色森林，树冠满盈的白雪，好像是油桐的点名大会，让人恍然大悟原来这里有这么多油桐生长着。油桐不仅远观美丽，就连落花也成了台湾山野的盛景之一，四月雪或五月雪的称号吸引许多人上山赏花，走在铺满白色花瓣的山径上，徐徐凉风袭来，眼前的景致真是美极了。

春天时分从高速公路南下，大概到了新竹、苗栗以南，很容易发现路旁开满浪漫梦幻紫花的大树，那就是台湾原生的苦楝。其实台湾苦楝的姿色一点都不差，却因为名字里的“苦”，让它成了寂寞的树种。我觉得苦楝的紫色花海最适合在雨中欣赏，蒙蒙细雨让它的色彩更显空灵。

低海拔山野春天的调色盘，到了梅雨季节冒出一丛丛粉红色的络石花海，大概已近尾声，成片淡绿、鲜绿、浓绿的山林主色调，络石的轻柔粉红色调真是印证了“万绿丛中一点红”，虽然淡却轻忽不得。我最爱在绵绵细雨中欣赏络石，不论是在家里的窗前，或是正在乌来享受泡汤，络石的美总让我看得目不转睛，同时也提醒我夏天脚步近了，即将进入蝉声喧哗、汗流浃背的季节了。

苦楝淡紫红色的花朵，是春天最舒服的色彩。

一到油桐开花的季节，满山满谷热闹非凡。

Lesson

15

The 100 Essentials of Nature Lessons for Parents

春天的课堂：生命的盛宴

春天的香气之旅

七里香

柚子花

桂花

欣赏山林之美，除了常用的视觉、听觉之外，其实还有一般较不熟悉的嗅觉，因为气味很难描述，加上飘浮于空气中，渺小且难以预期，所以常遭忽略。其实春天在户外散步时，不妨多多嗅闻几下，常常会有意外的惊喜。

像清雅悠扬的桂花香，每每总是走在山径时，不经意地嗅闻到，顺着气味寻觅，这才发现步道旁的桂花正开着细小米白的花朵。桂花生性强健，是懒人也种得活的植物，所以成为小区里最受欢迎的树篱植物，加上它们一年开花好几次，所以散步中不时会闻到桂花淡雅的香气。以前曾经从小区一路走到广兴一带，无意间发现有个地方种满桂花，就像是个桂花村，其中还有几株老态龙钟的桂花老树，不同于一般常见的灌木状，反而像是大树般的乔木，非常漂亮，只可惜不是开花期，否则满树馨香将更让人难忘。

此外七里香（九里香）也是小区大量栽植的矮灌木，平常其貌不扬，但是一旦开花，浓烈的香气远远就闻得到，也难怪会被称为“七里香”。七里香和桂花一样，大多修剪成灌木状，但爸妈一次逛花市，发现了一棵七里香老树，树型饱满漂亮，是具体而微的大树，爸妈看了好喜欢，就买回家种在庭园里，让家里可以时时享受七里香的香气。

而我最爱的则是春天的柚子花，米白色的花朵不小，香气也很浓，我的小庭园就种了一棵，开花时打开阳台的窗户，香气一路传到厨房里，让人整天心情好极了，就连猫咪也不断嗅闻空气，它们可能也在纳闷那是什么味道。其实第一次闻到柚子花的味道，是在一整片的柚子园内，香气浓烈得让我想起小时候洗澡用的“美琪药皂”，不知是我的嗅觉记忆有误，还是药皂的味道真是如此？如今再也找不到美琪药皂，也无从验证我的嗅觉记忆了。

邻居的花园里种了一株大花曼陀罗，它的花苞硕大，而且整个开花过程的变化十分有趣，看它一夜大一寸，期待的心情油然而生。盛开后的大喇叭花倒挂枝头，十分美丽，有趣的是一天夜里带狗散步，路经这丛大花曼陀罗，突然闻到一股香气，这才发觉原来它也是香花植物。不过白天的气味似乎淡得多，不容易发现，但一到夜里便转趋浓烈，看来应该是为了吸引夜里的蛾或其他昆虫来为它授粉。

春天时分，庭园或山野都有许多植物忙着开花，传宗接代，而香花植物的香气有其生态意义，但对人类而言，就好比是花朵给我们的额外红利，别忘了趁着美好春光，大力嗅闻一下稍纵即逝的香气吧！

像下雪般的流苏的花朵也带有淡淡的芳香。

爸妈必修的
100堂自然课
Chapter 2

台湾拟啄木鸟嘹亮的木鱼声，揭开了夏天的序幕。
震耳欲聋的蝉声，停滞高温的空气，让人昏昏欲睡。
炙热太阳下山了，虫声蛙鸣是夏夜的主角。
还有别忘了黑暗林子传来的“呼——呼——”声，
那是张大眼睛的领角鸮正在跟您打招呼。

夏天的课堂：享受自然

The 100 Essentials of Nature Lessons for Parents

Lesson 16

The 100 Essentials of Nature Lessons for Parents

夏天的课堂：享受自然

高山野花的飨宴

阿里山龙胆

台湾是个多山的岛屿，不同的海拔高度造就了台湾丰富多样的植物生态系统。以中高海拔的山区而言，夏季是野花上场的季节，一拨拨不同的野花轮番上阵，将台湾的高山装点得既灿烂又吸睛。

许多人都认为台湾没有漂亮的野花景观，跟温带地区大片野花完全无法相提并论。其实台湾的平地和低海拔野花大多含蓄且隐晦，需要用心俯视，才能理解它们的美丽。不过高山的野花景致就像温带般豪放，只是并非人人皆可欣赏，唯有亲近大自然的登山客才有机会亲眼目睹，或许这也是许多人乐于负重登山的原因之一。

幸而台湾的高山不全是如此难以亲近，推荐大家可以在夏天造访合欢山，不仅不用担心如赏雪季节般人挤人，更可轻易地一亲高山野花的芳泽。合欢山宛如高山野花的秘密花园，从5、6月的高山杜鹃，一路延续至整个夏季的龙胆、火绒草、乌头、香青、柳叶菜、台湾沙参等，最后再由艳红的虎杖收尾。

高山野花大多必须把握短短的夏季，大量集中开花、结果并繁衍下一代，因为这段时间的阳光和气温最为适宜，加上授粉昆虫的活动高峰期，造就了夏天的高山野花飨宴。高山杜鹃的粉红花海为高山野花季揭开序幕，原本平淡的绿色山坡抹上迷蒙的粉红色调，加上雾蒙蒙的天气，仿佛置身于众神的花园。

高山野花的色调似乎比平地野花来得浓烈许多，不是正黄，就是正蓝、正紫，就连白花在阳光下也显得格外耀眼。短暂的夏季，尽情展现生命，也尽情享受生命之美，高山野花完全体现了这样的生活方式。

玉山龙胆是合欢山上的美丽主角之一。

玉山石竹的粉红色花朵，好似彩球在山坡摆荡着。

生命力强韧的台湾百合在碎石上绽放着。

玉山佛甲草的金黄花朵也是不可错过的美景之一。

Lesson

17

The 100 Essentials of Nature Lessons for Parents

夏天的课堂：享受自然

夏之声音组曲

Black-browed Barbet

Megalaima oorti

夏天早晨传入耳中的多半是五色鸟的嘹亮鸣声，雄鸟喜欢伫立于毫无遮蔽的大树顶端引吭高歌。

领角鸮“呼——呼——”的叫声是夏夜森林里的曲目之一。

城市的夏天，除了让人烦躁的车水马龙、冷气空调等噪音之外，树下震耳欲聋的蝉声让人找回一丝与自然的联系，也是台湾夏天声音组曲的首选。雄蝉为了完成与生俱来的使命，声嘶力竭不停地鸣叫，希望获得雌蝉的青睐。无奈对手云集，能够顺利繁衍下一代的竞争压力，完全超乎我们想象。然而短暂生命的时间一到，纵然没能俘获芳心，也只能饮恨而终。夏天的蝉声是雄蝉的最终舞台，也像是悲怆交响乐，充分传达了生命稍纵即逝的惋惜与无奈。

天色刚亮的夏天早晨，传入耳中的多半是五色鸟（台湾拟啄木鸟）的嘹亮鸣声。雄鸟喜欢伫立于毫无遮蔽的大树顶端引吭高歌。有时一棵树上还会同时出现好几只，看来就连好的舞台位置也是竞争异常激烈。每年入夏的台湾拟啄木鸟鸣声，总是提醒我夏天到了。随着它们高亢的鸣声，天气也一天天地炎热起来。

太阳下山后，夏夜的主角换成蛙类登场了。如果下午来了场雷阵雨，蛙的结婚进行曲将更为活跃。从黄昏时刻开始，就听到迫不及待的弹琴蛙不停地大叫“给——给——给——”夹杂着棕背臭蛙的“啾”叫声，接着还有白颔树蛙的敲竹竿声加入这场蛙类大合唱，以及突如其来的沼蛙的狗吠声，让夏天的夜里既热闹又有趣。不过我最偏爱的是夏天树林里传来的领角鸮“呼——呼——”的叫声，声音不大却传得很远，兴起之余我也会跟着模仿两声回应，没多久树林里又传来“呼——呼——”声，好像在回应呼唤似的，让我乐此不疲，不停地跟暗夜里的领角鸮对话。虽然完全看不到它的身影，却有种微妙的“心有灵犀一点通”的感觉。

夏天从白天到夜晚，不同时段有不同的生物登场。这一场“夏之声音组曲”音乐会，年年举办，不需门票，也无人潮，是可以完全独享的，也只有夏天才有。只要竖起耳朵，多一点留心，是每一个人都可以享受的自然音乐会。

夏天白天听着蝉叫，夜里还可以寻找它蜕壳的身影。

弹琴蛙在夜里不停地大叫“给——给——给——”。

白颔树蛙以敲竹竿声加入这场夏夜蛙类大合唱。

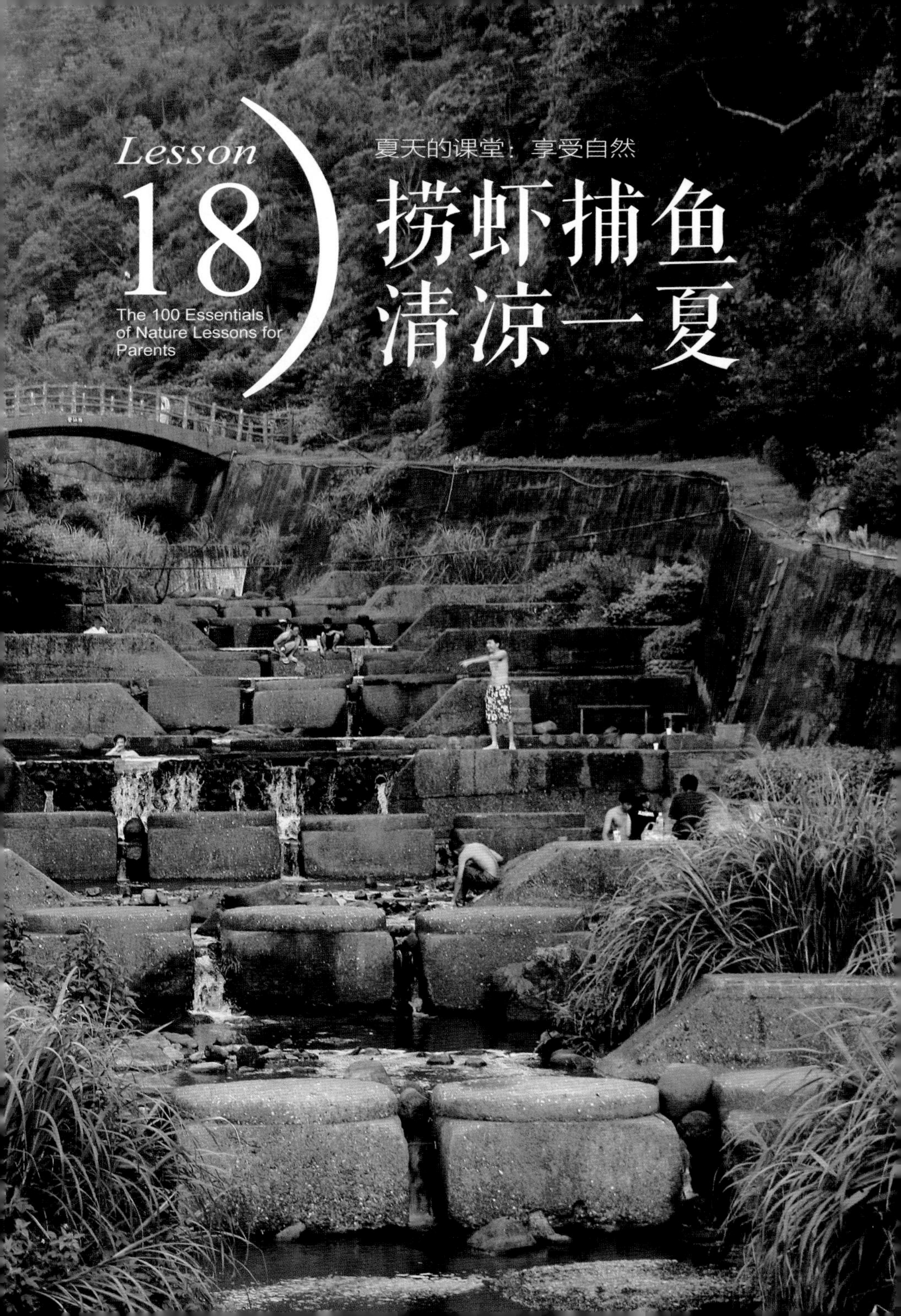

Lesson 18

The 100 Essentials of Nature Lessons for Parents

夏天的课堂：享受自然

捞虾捕鱼 清凉一夏

夏天的户外活动当中，与水亲近是最受欢迎的，不论是海边或溪边，只要一到假日就挤满了人。其实除了玩水嬉戏之外，也可多认识一下这些水域环境里的小生物，让亲水活动充满自然观察的乐趣。

小时候，爸爸最爱在假日带我们几个小孩去爬山，妈妈为了鼓励我们，总是准备丰盛无比的便当，在那个物资匮乏的年代，便当已是天大的享受，也让我们养成了从事户外活动的兴趣与体力。

夏天也常常全家总动员，带着香喷喷的米糠饭到溪里捞虾。当时的溪流生态还相当良好，水质干净，虾也多得数不清，每每喜欢和硕大的虾斗智，挑选适当的石块，以及水流较不湍急的位置，才有机会诱捕到超大只的虾。看到虾慢慢从石块下伸出长长的脚，想要挟住引诱它们的米糠饭，我总是屏息以待，等待最佳时机再一网到手。不过当时完全没有淡水鱼虾的信息，虽然玩了许多年的夏天，却始终对于它们一无所知，直到多年后编辑了作者林春吉的《台湾淡水鱼虾生态大图鉴》，才恍然大悟原来当时最喜欢斗智的对象是长臂虾科的大和沼虾。不过现在回想起来，这样的生活经验是最好的自然教育，亲近水域，了解鱼虾出没的最佳环境，甚至想要成功将虾子手到擒来，也要知道虾子向后逃窜的习性，才懂得将网子放在虾子的后方。这些都是生活常识的累积，也悄悄在我心里种下了自然的种子。

台湾有丰富的溪流资源，等着你我去亲近。

夜间是溪虾出没的时候，夏夜捞虾也十分有趣。

见到长手臂的溪虾，都是锁定捞虾斗智的大目标。（摄影/庄维倢）

Lesson

19

The 100 Essentials of Nature Lessons for Parents

夏天的课堂：享受自然

香鱼与苦花

苦花的嘴为圆钝形口吻，非常适合啃食石块上的藻类。

香鱼以藻类为食，喜欢生活在水质清澈、水流湍急的河川中上游。

台湾的淡水鱼种类繁多，但大多不为人知，只有少数几种名气大的如台湾特有鱼樱花钩吻鲑（台湾大麻哈鱼）、绝种的香鱼、养殖的鳟鱼以及溪钓首选的苦花，才稍稍引人关注。但大体而言，台湾的淡水环境一直持续变坏，我们对待“水”的方式如果不脱胎换骨，生活周遭的淡水环境不可能有改善的一天。

香鱼是大家熟知的淡水鱼，又称为年鱼或桀鱼，日文的汉字为“鲇”，是日本人夏天必尝的美食之一。不过台湾的原生香鱼早已绝迹，最后一次的产卵记录是1967年，现在看得到的养殖香鱼都是引种自日本的琵琶湖香鱼。

香鱼以藻类为食，喜欢生活在水质清澈、水流湍急的河川中上游，像乌来的福山或是宜兰的冬山乡，都是养殖香鱼的优异环境。香鱼的鱼鳞细小，有一种特殊的瓜果体香，加上摄取的藻类，使鱼肚有种无可比拟的苦甘味，让老饕们津津乐道。野生香鱼对环境的要求挑剔，也因此成为溪流和河口的最佳环境指标生物，像日本始终保有香鱼的溪钓文化，夏季开放，其他三季休养生息，让香鱼繁衍下一代。

香鱼性情活泼、行动敏捷，是日本喜爱溪钓人士的夏日首选。台湾现在于中北部、宜兰及花东溪流也都能发现香鱼种群，应是每年放流的鱼群或是自养殖场逃逸个体。

苦花的正式名称为台湾铲颌鱼，一般生活在水质清澈、石砾遍布的湍急溪流里，算是十分常见的淡水鱼。有些地方如坪林的护溪措施让苦花的生育良好，从溪岸边望向清澈的溪水，一条条游动的苦花，清晰可见，显见溪流环境良好。

苦花的嘴为鹦哥状嘴型，即圆钝形口吻，非常适合啃食石块上的藻类，也因此鱼肚和香鱼一样，有种美味的苦甘味。夏天里，老练的溪钓高手喜欢挑战苦花，特别是体长超过2.5米的大苦花，强悍的生命力以及与钓客对峙的拉劲，每每都让人大呼过瘾。

香鱼和苦花在台湾溪流的命运大不同，两者都是深受喜爱的淡水鱼，前者是绝种后重新引进的种群，后者则是种群生育良好的原生淡水鱼。夏天品尝这两种美味的淡水鱼，也不妨多关心一下台湾的溪流生态。

苦花的正式名称为台湾铲颌鱼，一般生活在水质清澈、石砾遍布的湍急溪流里，算是十分常见的淡水鱼。

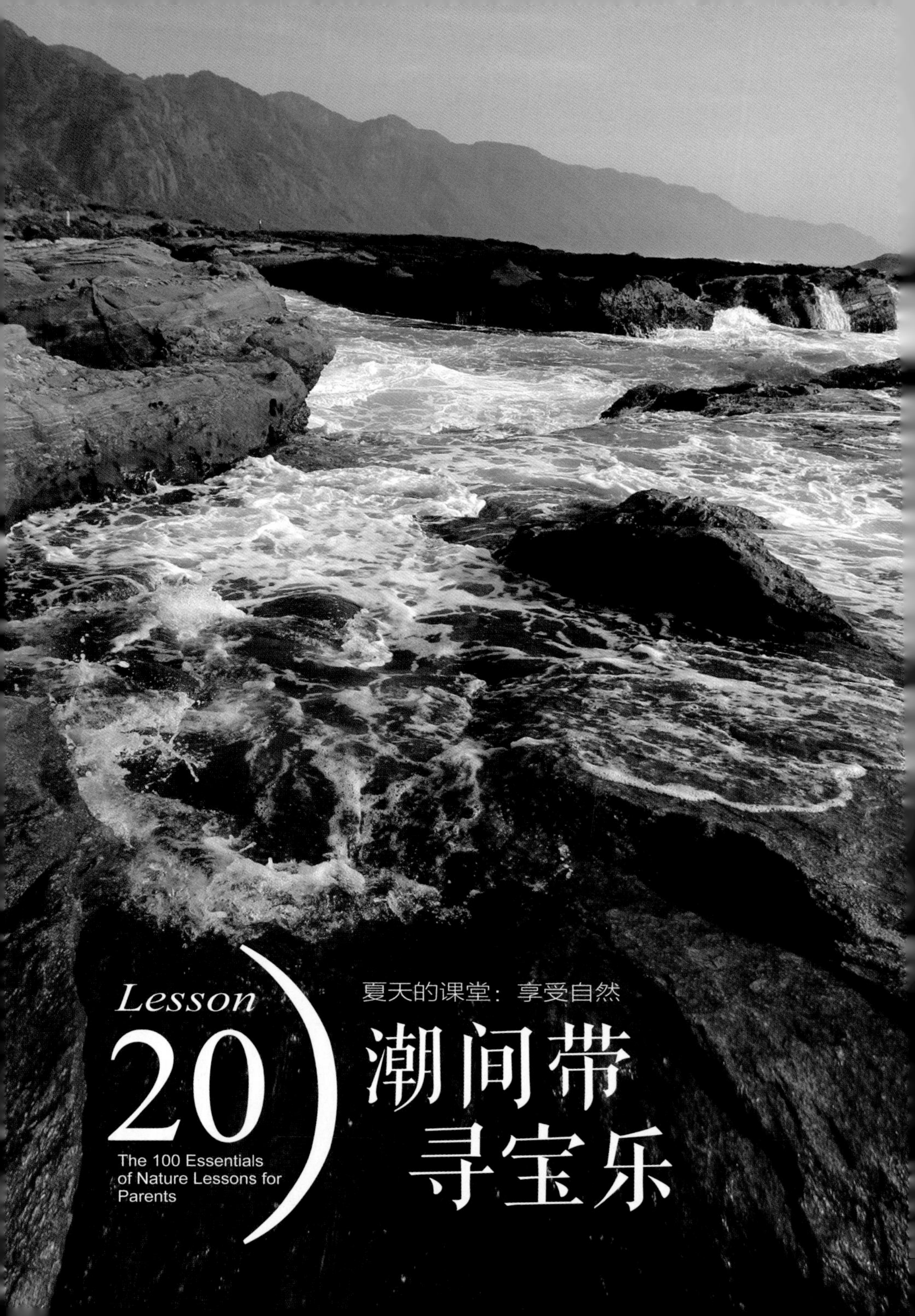

Lesson

20

The 100 Essentials of Nature Lessons for Parents

夏天的课堂：享受自然

潮间带寻宝乐

海水永无止境地拍打海岸，而海岸随着潮汐的节奏，潮涨潮落，一下子是陆地，一下子又恢复海水世界。如此多变的环境就是潮间带，生活在潮间带的生物无不使出浑身解数，方能立足于此。对于人类而言，退潮时的潮间带是亲近大海的好时机，沙滩上的贝类、螺类、螃蟹，礁岩海岸的各式水洼、石窟，藏身其间的小生物，都带给人们无限的乐趣，也是适合大小朋友寻宝、认识海洋生物的好去处。

台湾的西海岸是泥沙海岸，潮间带上看得到的多是泥沙贝类，如玉螺类、笋螺或许多双壳贝类。其他的礁岩海岸潮间带则变化更多，有漂亮的笠螺、宝螺、蝾螺等，就连一个岩石间的小水潭都大有可观之处，有时找得到海绵、海葵或海星的踪迹，而来不及随潮水撤退的小虾、小蟹、小鱼，只能困守在小水潭里，等待潮水再一次引领它们回到大海的怀抱。

趁着退潮好好欣赏一下这些小小生物，不须浮潜，也无需装备，好整以暇地一个个水洼、潮池、潮沟寻宝，保证比水族馆的展示还精彩。像是石莼、寄居蟹、螃蟹、海参、海胆、螺类、小鱼、虾虎等，让人目不暇接。潮间带的特殊涨退潮特性，让人们很容易接近，长久以来生活于海边的居民早已学会利用这个特殊的生态系，采食藻类、螺贝类、海胆等。不过也因为潮间带处于海洋与陆地交接的敏感地带，常遭受极大的压力，特别是垃圾填海或防波块等工程，与海争地的结果让台湾的海岸线景观支离破碎。

台湾是个海岛，但我们对待海洋的方式尚待改善，海洋孕育生命，也是许多生物赖以为生的重要生态系统。想要亲近海洋，第一步就从潮间带观察做起，感受这里丰沛的生命力，是夏天亲子同乐的最佳去处。

海胆是潮间带十分常见的生物之一。

潮间带可以观察到许多不同的寄居蟹栖息在其中。

若要更贴近观察，浮潜是个好方法，但要做好安全措施才能下水。

Lesson 21

The 100 Essentials of Nature Lessons for Parents

夏天的课堂：享受自然

红树林生态乐园

河口地带的红树林一直默默扮演重要的生态角色。

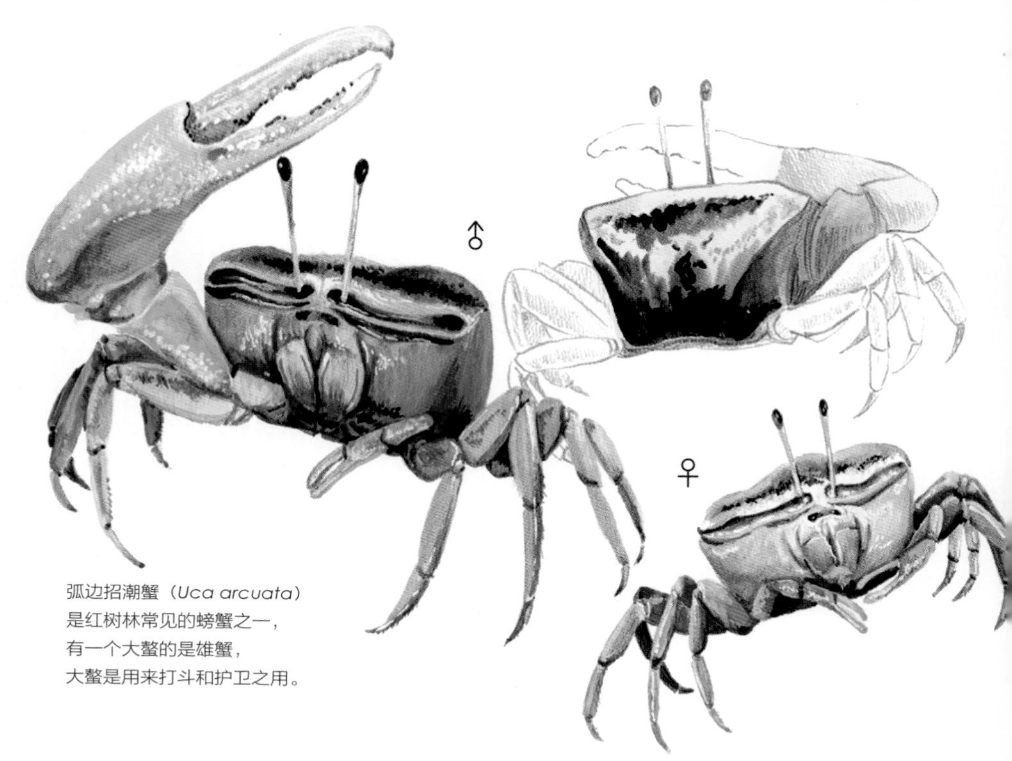

弧边招潮蟹（*Uca arcuata*）是红树林常见的螃蟹之一，有一个大螯的是雄蟹，大螯是用来打斗和护卫之用。

河口地带的红树林一直默默扮演重要的生态角色，特殊的环境条件让植物的生长与众不同，每天潮起潮落带来丰富的养分，让这里也成为许多鱼类、蟹类孕育生命的温床，小生物繁多，自然吸引大量水鸟在此觅食、休憩。对于热爱大自然的人而言，来一趟红树林生态之旅，每一次都可以收获良多。

在这片河海交接的半咸水湿地里，红树林的植物有其独树一帜的生存方式，例如红树科的秋茄，以胎生苗的繁殖克服了恶劣的环境条件，先在母树上发育成熟，最后脱离母树掉到泥滩地上，大大提高了存活率。除此之外，排盐、保水的厚实叶片，多功能的支持根和呼吸根，都是红树林植物的生存利器。河流到达河口地带，带来了无数冲积物，这些矿物质和有机质与海水的盐分混合之后，形成了质地细密的泥滩地。潮退之后，泥滩地出现了大批觅食的生物，这里丰富的腐殖质供养了无数的螃蟹、贝类、螺和弹涂鱼，其中以招潮蟹和弹涂鱼最容易被观察。

红树林里最常见的招潮蟹包括清白招潮蟹、弧边招潮蟹、北方呼唤招潮蟹、台湾招潮蟹等，雄蟹挥舞着单支的大螯，虎虎生风，一方面保护自己的领域，同时也吸引雌蟹的目光。潮水刚退去的时候，不妨找个容易观察的地点，好好坐下来欣赏这些招潮蟹忙进忙出，而雄蟹的比武大赛更是不容错过的好戏。

生活在红树林的弹涂鱼是奇特的鱼类，明明就是鱼，却可以上岸休息，退潮时弹涂鱼喜欢用发达的胸鳍，匍匐前进爬到堤岸、沙洲、泥滩或树枝、石头上，不过它们常常静止不动，加上身体又有保护色，需要好眼力才能找到它们。另一种体型较大的大弹涂鱼只会在泥滩地上活动，不过当春夏的求偶季来临时，雄鱼跳的求偶舞值得一看，观赏性十足。大家都爱吃的青蟹（锯缘青蟹）也生活在红树林里，以小型的螺贝类和鱼虾为食，它们会挖掘洞穴作为藏身之处，不容易发现其踪影。

河口的红树林生态孕育了繁复而多样的生命网络，是许多生物赖以生存的重要栖息地。经过二十余年的保护推广，台湾各处的红树林现在已经成为户外教学、生态导览的最佳去处。

锯缘青蟹栖息在红树林底层泥滩里。

弹涂鱼在退潮时用发达的胸鳍匍匐前进，爬到泥滩上。

秋茄的胎生苗，先在母树上发育成熟后才会掉落。

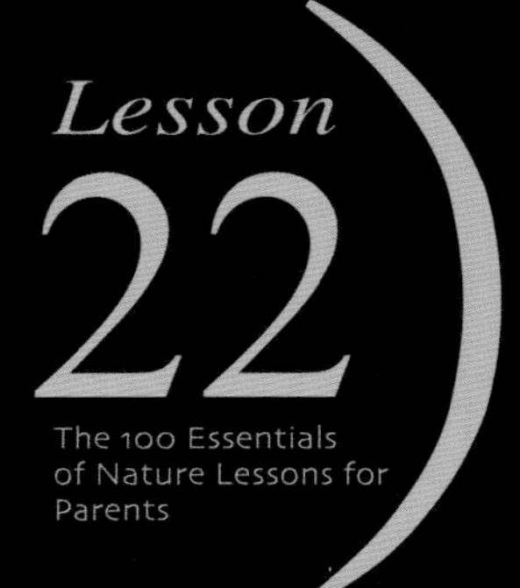

Lesson 22

The 100 Essentials of Nature Lessons for Parents

夏天的课堂：享受自然

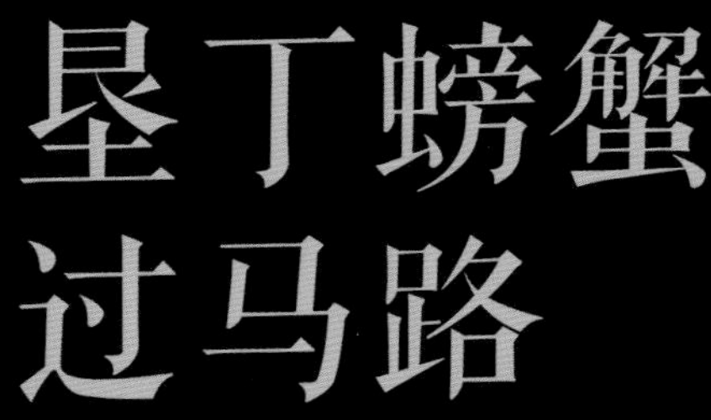

垦丁螃蟹过马路

属于大型陆蟹的毛足圆轴蟹常常会在月圆时横越马路，无奈“蟹”臂无法挡车，下回遇见它请让它先行吧！

垦丁的夏天一向游客如织，汹涌的人潮、车流让这里承受了莫大的休憩压力。特别是每年的7月到9月正值垦丁陆蟹的繁殖期，不少螃蟹在通过笔直宽敞的公路时惨死轮下。为了改善这种状况，垦丁公园正大力宣导“护送螃蟹过马路”的活动，也在公路旁的排水沟上设置水泥盖，以作为螃蟹专用的桥梁。此外还有保护团体更于夏天每个月的农历初一和十五“陪螃蟹过马路”，好让更多陆蟹可以顺利回到海里产卵。下次造访垦丁时，何妨来一个截然不同的赏蟹夜之旅，创造属于自己的垦丁自然印象。

垦丁香蕉湾的海岸林，在目前全世界的陆蟹栖息环境当中，螃蟹种类的多样性高居世界第一，如台湾特有的林投蟹、红螯相手蟹、树蟹等三种新螃蟹就是由刘烘昌博士与国外学者在这里共同发现的。其他如毛足圆轴蟹、凶狠圆轴蟹、紫地蟹、中型仿相手蟹及印痕仿相手蟹等陆蟹，种类之多不胜枚举。

每年的夏秋之际是垦丁陆蟹的年度盛事，每当繁殖季开始，雌雄蟹喜欢在雨后的夜晚于陆地完成交配、产卵，之后，大腹便便的抱卵雌蟹便独自展开危险重重的横穿马路之行。台26号省道是雌蟹的大难关，这条公路不仅宽敞，两旁还有深邃的排水沟。许多雌蟹常困在排水沟内无法脱身，或是横穿马路时被疾驰而过的车子压得粉碎。

想要帮助垦丁螃蟹过马路，其实一点都不难。驱车从欧克山庄到鹅銮鼻灯塔的这条公路上，只要放慢速度留意一下路面，就会不时发现正从山沟爬出、预备横穿马路到海里产卵的各种陆蟹。除了路面的螃蟹之外，如果把车停在路旁，以手电筒巡视路旁的草堆或水沟，一定可以发现更多的陆蟹，其中绝大多数是体型最大、数目最多的毛足圆轴蟹，而且都是抱卵的雌蟹。它们在中秋节前后达到繁殖的高峰期，一个晚上可以发现横穿马路的雌蟹数目高达数百只。农历的初一或十五，每逢大潮夜晚潮水涨满时，到达海边的雌蟹只需将身体浸于海水中，然后鼓动腹部将孵化的幼体释出。一旦全部幼体释放完毕，完成了托婴给大海的任务，雌蟹就会马上调头返回陆地。

除了香蕉湾海岸林一带，车城的海洋生物博物馆到万里桐一带、满州乡港口村一带也是大量陆蟹入海产卵的路线。如果在夏秋繁殖季节来到垦丁，请尽量减低车速，好让这些陆蟹妈妈可以顺利回到海里生下小螃蟹。

全身红彤彤的中型仿相手蟹也会在繁殖时跑到马路上。

只要一不留神，一条宝贵的小生命就葬送轮下。

Lesson 23

The 100 Essentials of Nature Lessons for Parents

夏天的课堂：享受自然

海漂果解密

棋盘脚（滨玉蕊）的核果都有厚厚的纤维保护着里面的种子，这些纤维构造让核果可漂浮于海上，又可保护种子。

到海边游玩时，是否注意过生长在海边的植物？这里的环境恶劣，风大又高温，加上砂土贫瘠干燥，没有一些特殊本事的植物是无法在此立足的。如果有机会捡到一些海岸植物的果实，不妨仔细观察一下它们的构造，是否和一般的果实有所出入？例如海边十分常见的林投，果实如同菠萝般大小，是由许多核果聚生而成，每一粒核果都有厚厚的纤维保护着里面的种子，这些纤维构造让核果可以轻松地漂浮于海上，又可保护种子免于海水的侵蚀，让林投种子可以长途跋涉，直到适合的地点再落地生根。

垦丁最有名的棋盘脚（滨玉蕊）也是典型的海漂果，外形像四方的陀螺，拿起来颇为轻盈，果皮也富含纤维质，使果实可以在海水里载浮载沉。另外像穗花棋盘脚、海杧果、榄仁等树木的果实都是典型的海漂果实，干燥之后变得格外轻盈。还有棕榈科的椰子等树种也是利用海水将果实带至遥远的岛屿落地生根，下次喝椰子汁时，别忘了观察一下它们果实的构造。

海漂果实的共同特点就是果肉组织松散，富含纤维质，很容易漂浮于水上，也可防范海水盐分的侵蚀，直到漂到适合的位置才会生根发芽。

海边的植物在繁衍下一代的同时，其实也无非是在开疆辟土，让自己的群落更多更强，而辽阔的海水也成为它们传播下一代的最佳媒介。

Lesson

24

The 100 Essentials of Nature Lessons for Parents

夏天的课堂：享受自然

抢救中华白海豚

在白海豚栖息的海域可以见到火力发电厂耸立在海岸边。我们应该好好思考如何对待如此稀有的海洋哺乳类动物。

2010年台湾保护运动的关注焦点是抢救白海豚，一向鲜少上新闻版面的环境议题，因为对抗的是国光石化的大开发案而成为镁光灯下的焦点。民间的保护团体提出一个方案，全民认股募款购买湿地，期望为中华白海豚保留无可取代的栖息环境。

中华白海豚每年从农历三月二十三日妈祖生日之后就开始在台湾西海岸出没，所以被台湾人昵称为“台湾妈祖鱼”。它们正式的名称为印太洋驼海豚，还有印度太平洋驼背豚、粉红海豚、镇江鱼、白鳍等不同的称呼，国际自然保护联盟（IUCN）的濒危物种红色名录在2008年已正式将中华白海豚种群列入“极度濒危”的等级。

中华白海豚多半在印度洋及西太平洋一带温暖的近岸海域活动，水深约为25至100米之间，尤其喜爱在食物丰富的河流出海口附近出没，主要以沿岸、河口或底栖的小型珊瑚礁鱼类为食，同时也捕食头足类生物。活动的群体一般在10只以下，游速不快，潜水时间短，露出水面时嘴尖会呈仰角出水，再露出前额和喷气孔，模样十分可爱。

台湾于2002年进行调查之后发现，从苗栗、台中、彰化到云林的近岸3公里海域有一群数量仅约70至200只的白海豚栖息于此，目前的研究认为台湾西海岸的白海豚应是独立的种群，与一般通称的中华白海豚有别。

近年来针对台湾的白海豚栖息海域进行调查，发现白海豚喜欢的石首鱼科等鱼类大幅减少，主要因为西海岸工业区林立，海水污染造成鱼类洄游路线中断，鱼类不再游到近海而往外海游，使一向在浅水区觅食的白海豚缺乏食物，原本数量稀少的种群更加岌岌可危。

这一群生活于台湾西海岸各个河口的白海豚，原本就数量稀少，如今栖地的破坏速度更快，还有工业区的污染排放，导致食物缺乏，以及河口淡水注入的减少，每一因素都让其生存更加艰困。面对这样的难题，绝对不是一句自以为是的“白海豚会转弯”就可以支持开发案。

成年的白海豚体色为白色，在剧烈运动后，皮下微血管血液激增，使它成了粉红海豚，模样十分可爱。

Lesson

25

The 100 Essentials of Nature Lessons for Parents

夏天的课堂：享受自然

猕猴出没

台湾猕猴多半生活于天然森林里，最喜欢出没于有溪流的原始阔叶林，从平地到高海拔地区都有它们的踪迹。

台湾猕猴是台湾的特有种，也是台湾除了人类以外唯一的灵长类动物，经常成群活动。为了保护台湾猕猴，让它们可以在野外永续生存，台湾猕猴被列为二级珍贵稀有保护动物，几十年下来成效卓著，台湾猕猴的数量大幅增加，而且变成普遍常见的动物。

台湾猕猴多半生活于天然森林里，最喜欢出没于有溪流的原始阔叶林，从平地到海拔3300米都有它们的踪迹。但随着台湾猕猴数量的增加，以及人类往山区的开发脚步，原本很少有机会碰面的两者，如今倒成了比邻而居的伙伴，也因此发生了许多前所未见的问题。

例如我居住的新店山上小区，多年来只有在夏天有机会看到台湾猕猴，它们的群体多半在清晨及黄昏出现在小区大桥上，公猴守候于桥上警戒，而母猴和小猴则多半于桥旁的原生阔叶林里嬉戏，只要站得远远地欣赏，也就相安无事。于是欣赏台湾猕猴成为小区的夏天盛事之一，直到天气开始变冷，它们就消失得无影无踪。

不过最近这一两年开始改变了，有一部分台湾猕猴决定选择长居于小区内，也学会入侵住宅找寻食物，它们展现的生存智慧让人咋舌。冬天的山上一般缺乏猕猴喜爱的食物，如果实、嫩叶、嫩芽，甚至连打打牙祭的小虫也都不见踪影，于是“艺高猴胆大”的猕猴发现人类的家里多半有水果，是很好的食物来源，有些则是采食庭园里栽种的金橘、柿子等果树，一时之间，邻居间最热门的话题就是：“猕猴有没有到你家？”

姐姐家曾遭猕猴入侵，餐桌上的日本柑橘被洗劫一空，而且进屋的猕猴完全没有破坏任何东西，只是坐在餐厅角落的椅子上将橘子吃得一干二净，留下成堆的果皮。姐姐晚上到家后一无所觉，直到看到果皮和滴落的汁液才觉得不对劲，搜索之后发觉浴室的小窗被打开，猕猴大概就是从那里溜进来的。我家狗狗房间的窗户也被猕猴打开，似乎到屋里玩了一阵子才走，但已经把我家的猫咪吓破胆，整整一星期，只要看到我出门，每只都跳到高处躲藏起来，直到我回家才敢放心出来。

台湾猕猴和人类的生活交集，以后恐怕只会有增无减，特别是它们原生的森林栖地如果一再遭到破坏，觅食不易的它们只好转而找寻容易下手的目标。终究这是我们人类造成的后果，台湾猕猴不过是想要填饱肚子、设法存活罢了。

猕猴的栖息地被人类开发成房舍、菜园，猕猴找不到东西吃，因此人猴冲突不时上演，猴儿何其无辜!?

Lesson

26

The 100 Essentials of Nature Lessons for Parents

夏天的课堂：享受自然

兰屿季风林

兰屿的热带季风林是台湾除了恒春半岛珊瑚礁台地之外的典型季风林，终年高温潮湿，加上强劲季风吹拂，使这里的树木多半不高，同时附生植物繁生，其他如支柱根、干生花、板根以及缠绕植物都十分常见，是层次丰富仅次于热带雨林的森林。

兰屿位于台湾东边的外海，地处琉球群岛、中国台湾岛和菲律宾之间，呈现出丰富的植物生态景观。原本称为“红头屿”，后因盛产兰花而于1946年改名为“兰屿”。生活在这里的达悟人（Tao），传说是大森山巨石与西南方海岸竹林的后裔，他们的生活与环境密不可分。

像是有大板根的番龙眼是兰屿非常重要的植物之一，兰屿著名的拼板舟就是用番龙眼大树的树干凿成的，也是飞鱼祭不可或缺的部分。而果实外形讨喜可爱的滨玉蕊，却是达悟人的禁忌之树，因为长久以来滨玉蕊树林是达悟人的坟地，千万别把滨玉蕊的任何部分带进达悟人的家里，那是犯了大忌的事。

以前造访过兰屿几次，都是跟着“中研院”鸟类研究室刘小如博士的研究团队，一起深入兰屿的森林，探访兰屿角鸮的家园。记得有一次在林子里扎营，听着角鸮的叫声，研究助理轮班守候，记录一整晚的角鸮叫声。白天则是寻觅角鸮可能的筑巢树洞，以特殊绳索攀爬上树，用最快的速度将巢内的小角鸮一一丈量，再放回树洞内。生态研究所累积的第一手资料是如此困难，那几次的跟随让我大开眼界。

不过近年来兰屿已成为热门的观光景点，大量观光客的涌入对当地生态造成莫大的冲击，连近海的珊瑚礁似乎也不堪负荷。观光确实可以活跃当地的经济，但以兰屿如此小而敏感的岛屿，似乎应以生态旅游为主，需要制定清楚的规范，才能让这里的特殊生态永续发展。

兰屿有丰富的自然与人文资源，达悟人在这岛上自给自足，拼板舟的船首就是用山上的番龙眼大树的树干凿成的，也是族人重要的捕鱼工具。这特殊的岛屿值得我们好好去探索。

夏天的课堂：享受自然

壮哉玄武岩

澎湖的自然景观丰富，除了辽阔的海洋和无人岛屿的鸟类之外，其实它的地质景观更是首屈一指。全台湾只有这里才看得到大规模的玄武岩景观，目前已将小白沙屿、鸡善屿与锭钩屿等三个无人岛列为玄武岩自然保留区。而2002年起“文建会”更将澎湖的玄武岩定为“台湾世界遗产潜力点”之一，主管部门也积极推动将桶盘屿、奎壁山至赤屿、小门屿、吉贝屿、望安的天台山、七美东北岸等地的玄武岩景观设立为地质公园。

澎湖群岛的岛屿主要由火成岩构成，火山熔岩大约是一千多万至几百万年前因板块扩张后的裂隙所喷发出来的。由于火山喷发的熔岩黏稠性比较低，因此很容易向四周流动散开，凝固冷却收缩时会产生许多收缩中心，这些中心的张力让岩石发生多角状的破裂面，就会形成柱状节理。如果熔岩的收缩张力平均，往往形成正六角形的节理，当熔岩逐渐由外缘向内部冷却收缩时，它的多角形状由地表向下延伸，最后就会形成垂直岩面的柱状节理。在几次反复的火山喷发过程中，溢流出来的火山熔岩与沉积物相互堆叠，才构成了现今澎湖群岛的特殊玄武岩景观。

浑然天成的玄武岩景观，展现了壮阔的气魄，不论是岩石的形状还是线条、色彩、质地等，都突显了大自然造物之奇。长久以来，生活在澎湖的住民就地取材，形成了绝无仅有的玄武岩生活文化。例如采用玄武岩当成建材，当地称之为“黑石”，无论是屋角、墙脚、门楣、门框、窗户等，都成为澎湖极富地方特色的传统建筑工法。此外，许多日常用品如石臼、石槽等也常以坚硬的玄武岩制成。

来到澎湖不仅可以欣赏到壮观的玄武岩自然景致，还可进一步细细品味澎湖特有的生活文化，取材于大自然、与大自然共生共荣的生活智慧。

在澎湖本岛的西屿、大果叶就有好几处成片壮丽且形态各异的柱状玄武岩可以欣赏。

Lesson 28

The 100 Essentials of Nature Lessons for Parents

夏天的课堂：享受自然

澎湖夜钓锁管

夏夜海上的点点渔火，是渔民以灯光诱捕海洋生物的盛景，如今开放海钓和海上活动之后，脑筋动得快的渔船也改行做起观光海钓，而夏天就以澎湖的夜钓锁管活动最受欢迎。

锁管（枪乌贼）又名小管、锁卷、小卷，一般15厘米以下的幼体就称为小管，多半栖息于海湾到近海的海底，具有趋旋光性，属于肉食性的头足类动物，以捕食鱼虾等小动物为生，从日本附近的西太平洋海域到台湾沿海均有分布，夏天时洄游至台湾海峡海域，是十分受欢迎的渔获之一。锁管的胴部呈长圆锥形，身体后半段有一对长菱形的鳍。腕十只，其中有两只特长的触手，体色为红褐色。

澎湖于每年的5至9月盛产锁管，夜钓锁管原本就是渔民夏夜捕捉锁管的方式，如今成为澎湖夏天最受欢迎的观光活动之一。每一艘夜钓锁管的渔船两旁，都有强烈光线照射在海面上，以吸引锁管靠近，游客拿着有鱼饵的钓竿放入水中，诱引锁管前来进食，一旦钓竿变重了，就是锁管上钩了。要将锁管拉离水面，动作一定要慢，急躁行事的话很可能只钓到它的头足而已，离水的锁管还会大吐墨汁，没经验的游客往往被喷得全身都是。不过夜钓锁管的乐趣正是这些不可预期的事的发生，而邻近海面的点点渔火将夏天的大海装点得既辉煌又美丽。

以往台湾人想要尝试海洋活动，大多得到邻近的马来西亚、泰国或印度尼西亚的岛屿，对中国台湾的海域反而陌生极了。如今许多地方和离岛都纷纷推出不同的海上活动，例如基隆也有锁管季的盛会，不过玩乐之余，还是应该要借着亲近大海的机会，了解台湾的海洋资源，毕竟大海是我们最重要的自然资源，也是我们生存的根本。

钓小管船一般都会帮你准备钓竿和诱小管的假饵。

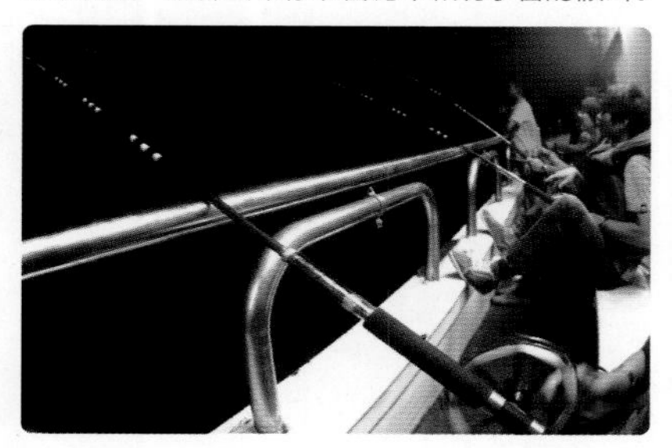

夜钓小管是新兴的海上活动，很适合合家共游。

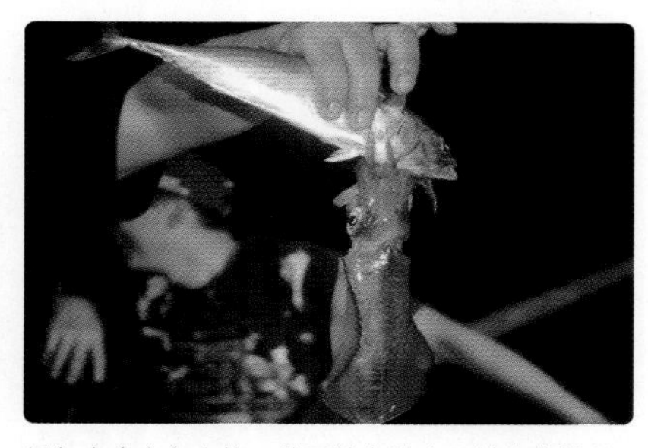

偶尔也会有鱼上钩，这回连鱼钓上了抢鱼的软丝。

运气好的话，一晚钓下来渔获量十分惊人。

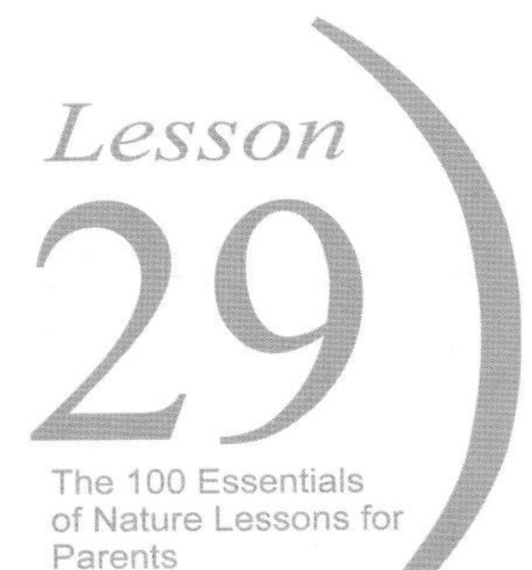

夏天的课堂：享受自然

离岛赏燕鸥

Chinese crested tern
Thalasseus bernsteini

中华凤头燕鸥与大凤头燕鸥十分神似，
但中华凤头燕鸥的嘴喙前端有一个黑色色块，
且嘴喙尖端有白色点，这是两种燕鸥的区别。

炎热的夏天里，除了清晨和黄昏看得到留鸟活动之外，台湾夏天的鸟况实在乏善可陈。但是离岛的澎湖、马祖却大不相同，夏天正是赏鸟的最佳时机，因为夏候鸟的燕鸥类大量齐聚于无人小岛上繁殖，在蓝天碧海的背景衬托下，让赏燕鸥之行充满了异国岛屿风情。

台湾海峡处于东亚地区候鸟迁徙必经的路线之一，于是海峡中央的澎湖就成为候鸟迁移的最佳中转站。澎湖的夏候鸟不论是数量或是种类上都非常多样，其中又以燕鸥类最具特色，如今已经成为澎湖的代表性鸟类之一。

澎湖重要的燕鸥繁殖地，如大猫屿、小猫屿或后帝仔屿、头巾屿及积善屿等离岛，均有不同种类的成群燕鸥在此繁殖。燕鸥在澎湖主要以日本银带鲱鱼等小鱼为食，它们会单独或成群觅食，常从空中俯冲入水捕鱼，高超的飞行技巧让它们发现鱼群时，就定点鼓翼停在空中，然后一再俯冲入水捕鱼，热闹的场景让人看得目不暇接。

长着一头朋克发型的大凤头燕鸥是其中最引人注目的种类之一，以前也曾经在台湾沿岸的海岛上繁殖，现在则只在澎湖和马祖等离岛繁殖，最近几年在澎湖以头巾屿及积善屿的种群比较稳定，每年各有数百对繁殖。

所有在台湾繁殖的燕鸥都受到相关野生动物保护规定的保护，其中最为罕见且被誉为“神话之鸟”的中华凤头燕鸥被列为濒临绝种的保护动物，中华凤头燕鸥在全球的数量极为稀少，事实上，2000年在马祖的4对繁殖成鸟被著名的生态摄影家梁皆得发现以前，早已被国际鸟类学者认定为已经绝种，当时“神话之鸟”的再现成为轰动一时的生态大事件。不过中华凤头燕鸥的繁殖地点和大凤头燕鸥一样并不固定，过冬个体特征也不显著，不容易有确切的发现记录，因此目前的实际现况依然无法断定。

其他诸如白额燕鸥、褐翅燕鸥、粉红燕鸥、黑枕燕鸥、白顶玄燕鸥及大凤头燕鸥也都被列为珍贵稀有的保护动物。“农委会”依据相关文化资产保存规定将澎湖主要的燕鸥繁殖地的大、小猫屿划为自然保留区，近年更依相关野生动物保护规定将澎湖地区许多其他岛屿定为重要的野鸟栖地。

澎湖的猫屿海鸟保护区、玄武岩自然保留区以及北海与南海的保护区，提供了适宜燕鸥的繁殖地，不过虽然划设了自然保护区，同时也禁止游客登岛，但是近年澎湖夏天的旅游十分受欢迎，满载游客的船只往往过于接近岸边，对燕鸥种群造成很多的干扰。燕鸥每年选用的繁殖地点并不固定，即使已经开始产卵，也很容易因为干扰而集体放弃繁殖地，迁往他处繁殖。由此可知海岛生态旅游的管理还尚待加强、落实。

在澎湖、马祖都可以观察到大凤头燕鸥繁殖的身影。

Lesson 30

The 100 Essentials of Nature Lessons for Parents

夏天的课堂：享受自然

稻米成熟时

台湾人的餐桌上，稻米是每天不可或缺的主食，吃饭饱足之余，我们对稻米是否有足够的认识？而近年来的气候剧变，导致粮食作物的生产大受影响，在蠢蠢欲动的世界大粮荒发生之前，我们是否应该好好检视一下每一口喂饱我们的稻米？因为这可能将是你我未来生存的关键。

台湾的米主要有三大类，一是制作米粉、特色小吃“米苔目”的“籼米”，其二是米饭主流的“粳米”，其三则是包粽子、做粿的“糯米”。全世界有多达十余万种的稻米品种，台湾早年栽种的稻米也多达千余种，但“日据时期”为了供生活在台湾的日本人食用，引进日本品种加以改良，后来粳米栽种就成为主流。

台湾的气候温暖，稻作大多可以两收。每年的农历年后，大约立春的节气前后，农民开始忙着插秧，过了三个多月，绿油油的稻田到处可以看到饱满的稻穗，大概6月底前就可以全部收割完成。接下去的7、8月又开始忙着二期稻作的插秧，到年底又有稻谷可以收获了。不过夏天到秋天是台风侵台的旺盛季节，年底能否丰收完全要看老天爷的脸色；而春天的稻子若遇到梅雨不来的干季，往往也会产量大减。无怪乎会有人说稻田是老天种的，农夫只是农田的管理者罢了。

近年来台湾的农村有了重大的改变，以往大量使用肥料、农药的栽种方式逐渐受到质疑，而大众也愿意支持与购买安全的有机稻米或蔬果，于是许多人开始投入自然农法或有机栽培的行列，稻米也出现了许多诉求自然、健康、有机的品牌。

2010年3月到台南后壁参观台湾兰花大展，顺道到后壁老街一游，碰巧因《无米乐》纪录片而声名大噪的昆滨伯刚好在店里，赶忙跟他买了米，也闲话家常一下。回家后迫不及待将米洗好，放入电饭锅煮饭，结果满屋子都是暌违已久的米香，记得小时候妈妈煮饭就是这个味道。吃着香糯的白米饭，深深感激台湾的土地以及许许多多愿意投入心血的农民。

6月的稻田到处可以看到即将可以收割的饱满的稻穗。

米饭的香味是每个人从小的共同记忆。

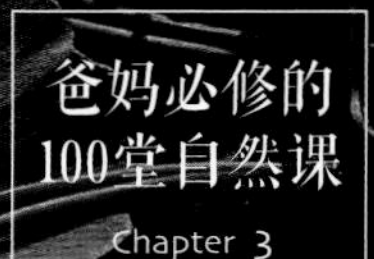

秋天是大地休养生息的季节，
日夜温差的提醒，落叶树开始回收叶片的养分，
还不忘留给大地最灿烂的红叶之舞。
络绎不绝的候鸟旅客已陆续抵达台湾，
赏鹰、赏黑脸琵鹭、赏雁鸭，
是台湾秋冬一一登场的赏鸟盛事。

秋天的课堂：
丰收的季节

The 100 Essentials of Nature Lessons for Parents

Lesson 31

The 100 Essentials of Nature Lessons for Parents

秋天的课堂：丰收的季节

缤纷而多样的生命

溪头攀蜥一身迷彩，让它可以隐身在山林之间。

琉球跳树蛙虽然不起眼，却是台湾唯一会护卵的蛙类。

刚刚告别炎热的夏天，秋天显得怡人得多，气温一天天下降，空气也格外干爽，有时一阵风吹过，卷起片片落叶，提醒我们放慢脚步，欣赏秋天的景致，在此欢庆丰收的季节里，特别适合思考大自然生命的恩典。

"生物多样性"在近十年来已经成为大家耳熟能详的专有名词，由于生态学家的大声疾呼，大家对于地球生物圈的危机不再陌生，加上气候变暖带来的灾害不断，我们开始有了切身之痛，也从而理解稳定而健康的自然生态系统是多么重要的课题，这些问题将不再只是其他生物能否继续生存而已，事实上也是全体人类最严苛的生存考验。撇开那些让人深感绝望的事实不说，其实生物多样性真的是大自然的恩典，每一个小小的环境都有无数生命生活着，环环相扣，其精巧复杂的程度就连智商过人的设计师也无法完成。生物多样性是健全生态系统不可或缺的基础，而拥有健全的生态系统，我们的生活环境也才有干净的水、新鲜的空气以及肥沃健康的土壤，每一样都是我们生活的基本需求，没有了这些生存前提，人类将无立锥之地。

从美学的观点来说，各式各样的生命构成了让人惊艳不已的大自然，生命的形态、色彩、造型，无一不让人折服，怎么可能会有那样大胆的配色？还有长相奇特的生物也不胜枚举，每一样都是人类心灵的沃土，从许多杰出的建筑师、艺术家的作品中都能看得到自然滋养的结果。

缤纷而多样的生命随时都在你我身旁，飘落的树叶，转红的落叶树，树上成群结队的鸟儿，树干上吸食汁液的昆虫，到处窜走的蜥蜴，开花结果的植物，晚上登场的鸣虫，还有暗夜树林里传来的呼呼声，每一天、每一晚，都有无数生命出没，端视您是否在乎。如果只想做一个视而不见、听而不闻的冷漠人类，您将不知自己错失了多少精彩的生命剧目。

百合花在山野间绽放，其姿态美不胜收。

黄山雀可爱的造型搭配抢眼色泽，是山林间的小精灵。

自家采种

自家采种的秋葵种荚。

以前在大学里念的是园艺系，近三十年前的当时，农业科技方兴未艾，老师授课全是外文教科书，囫囵吞枣了一堆F1杂交种的理论。如今物换星移，重新回顾那些年学习到的，只能说是科技万能的乐观主义产物罢了。

农业在商业生产的主导下，要以最便宜的生产成本、最高的产量，才能以合理的价位提供市场的需求，这是很简单的道理，我们的农业生产体系也架构于此根基之上。为了购买种子、秧苗、肥料、农药，农夫不得不多赚一些钱，而种苗公司提供的商业F1改良品种的种子，成为大量生产一致化产品的开端，长久下来，农人越来越依赖这些“改良”的种苗，于是许多以前原始的品种一一从我们餐桌上消失。

这样的现况在全世界皆然，并非只有台湾才如此，但如今也逐渐出现许多改变的浪潮，例如追求自给自足的半农半X生活，以及MOA自然农法等，无不试图寻求自然与农业的平衡点，而自家采种便是其中不可或缺的部分。

以往农家大多会在自家栽植的蔬菜中，留下一些优异的个体不采收，等到自然开花结果之后，再采收种子留待下一次种植之用。过去自给自足的年代里，其实我们的食物都有各地不同的本土品种，这些品种在长久筛选之下，也是最适应当地气候、最没有病虫害的种类，而且小规模的栽培足以提供当地所需。如今几十年下来，以往蔬菜的多样性早已消失无踪，只有少数坚持的农家会将珍贵的品种保留下来，例如日本十分热门的电视节目“料理东西军”里的达人，常常看到许多蔬菜、水果、稻米，甚而鸡只等品种，都有类似的故事。

自家采种若以自给自足的目标为之，其实一点都不难，在这个过程中也可亲眼目睹植物的完整生命历程，像是夏天适合凉拌的秋葵，生性强健，昆虫也不爱吃，整个夏天结果不断，吃得过瘾之余，不妨留下一些果实让它们成熟、干燥，等到果皮卷起，就意味着里面的种子成熟了，已经可以采收。如果多留一些果荚，也可作为很好的干燥花素材，插在花瓶里煞是美丽。

冬天火锅不可少的茼蒿，栽植容易，不妨留下一部分不要采食，可以看到它们开出艳丽的黄色菊花，原来它也是驯化的菊科植物。这些有趣的生活知识，透过自家采种，可以大小朋友一起体验，同时传承属于自己家庭的生活经验。

商店贩卖的种苗有可能是用种苗公司F1改良种子培育的。

自家采种的西红柿也许不够香甜，却保留了自然原味。

茼蒿栽植容易，不妨留下一部分不要采食，可以看到它们开出艳丽的黄色菊花。

Lesson 33

The 100 Essentials of Nature Lessons for Parents

秋天的课堂：丰收的季节

吃出季节的美味

幸福的现代人，琳琅满目的食材在超市的货架上摆得满满的，有些还远渡重洋，坐飞机、轮船来到台湾，蔬果处理储存技术的进步，让这些采收已久的食材看起来一样新鲜。

全球化的贸易以及便利生活的追求，让我们想吃日本的苹果、新西兰的奇异果、美国的杏桃，变得一点都不困难，其实真正难的是吃一口真正当季的食物，吃出季节的美味。

世界著名的保护学者珍·古道尔博士近年来倡导用饮食找回绿色的地球，鼓励大家以最简单的方法改变现况，吃本地当季的食物，直接到农贸市场购买，鼓励本地的小农栽培。如今这股风潮已在全世界蔚为成风，连一向浪费食材、只爱快餐的美国人也开始改变了，各地农贸市场供给人们日常需要的食材，不仅价格实惠，也可提供有机、健康、安全的蔬果。

想要吃出季节的美味，自然以当天现采现吃的蔬果为首选，但除非自己拥有菜园，否则很难做到这一点。不妨退而求其次，勤快一点到传统市场或周末的农贸市集，总有自家栽种的食材可供选择，它们不仅新鲜，而且少了运输的长途跋涉，自然滋味也更好。

台湾宝岛每一季都有吃不完的时令蔬果，比起温带地区，我们的选择性多了许多。从春天的韭菜香开始，接着4月的桂竹笋，梅雨季以后的绿竹笋，到炎热夏季的空心菜、木耳菜、龙须菜、落葵薯、秋葵以及清凉退火的冬瓜、丝瓜、葫芦等各式瓜果，秋凉季节香喷喷的地瓜、南瓜、芋头、花生接续上市，即使是寒冬也有卷心菜、大白菜、茼蒿、芥菜等不胜枚举的叶菜可供选择。

季节美味不在于珍稀的食材，而是对当地生态的疼惜之心，只有当季、本地的菜可供选择。新鲜食材，才能吃出美好食物的真滋味。

不经长途运输，现采的蔬菜就是最棒的当季蔬菜。

不用进口，初春的本地产草莓是美味的当季水果。

秋季的南瓜，是许多人最爱的食物。

Lesson

34

The 100 Essentials of Nature Lessons for Parents

秋天的课堂：丰收的季节

领受生命莫大恩典

老一辈的台湾人常爱说："吃饭皇帝大"，连彼此见面的问候语也爱说："吃饭没？"由此可知"吃饭"这件事兹事体大，是需要慎重以对的。不过现代人生活忙碌，许多家庭根本很少好好坐下来吃顿饭，大人忙上班，小孩忙上课，三餐都在外面解决，大家逐渐成为"老外"一族的外食人口。这样的都市生活形态，让以往家庭生活重心的餐厅与厨房逐渐变得不重要了，家人围坐一桌开心吃饭聊天的画面也越来越少见。

其实饮食是每天不可或缺的重要活动，也是家庭维系感情的重心所在，此外更重要的还有通过吃饭传递对待食物的态度。人类必须进食才能生存，为了让我们活下去，许许多多生物奉献了生命，不论是素食或荤食，我们每一次进食都是领受无数生命莫大的恩典，怎能不心存感激？

农人在田里种稻、种菜、养鸡，在这过程中为了收获食物，许多小生命不得不被牺牲，像是田里的小虫、沟渠里的小鱼虾等。这一切宛如自然界食物链、食物网的缩影，站在消费者金字塔顶端的我们，每一口食物都是许多生命喂养而来的。

日本人吃饭前总会说一句话，以前不懂这句话的含义，看了黎旭瀛医师的文章才得知其深意。原来那是对这些奉献生命让我们活下来的无数生命说："我领受您的生命了！"一句感谢语道尽面对大地恩赐的谦卑。

现在有人提倡每星期一天吃素救地球，其实不论素食或荤食，都是个人的选择，少吃肉确实是低耗能的选项。但我觉得更重要的是珍惜食物，怀抱感恩之心，特别是现在生活不虞匮乏的孩子，更应让他们建立正确的日常饮食观。

不一定要调味料陪衬，简单汆烫更能尝出小管的原味。

用黄豆磨制的豆浆香醇浓郁。

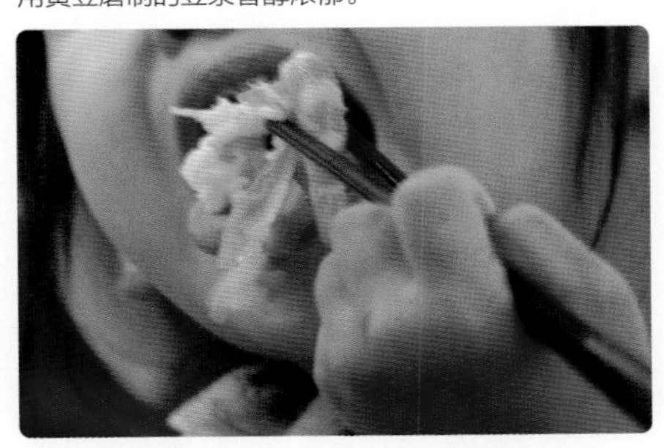

用心感受食物的美味，也是对生命的尊重。

适量饮食，不浪费食物，才是正确的饮食观念。

Lesson

35

The 100 Essentials of Nature Lessons for Parents

秋天的课堂：丰收的季节

别让放生变杀生

鹦鹉若无力饲养而随处放生，
将造成生态危机。
台北植物园附近曾经有
两只流浪的葵花鹦鹉出没，
到处啃咬觅食，
造成树木严重损伤。

克氏原螯虾常被放生到公园的水池之中造成生态危机。

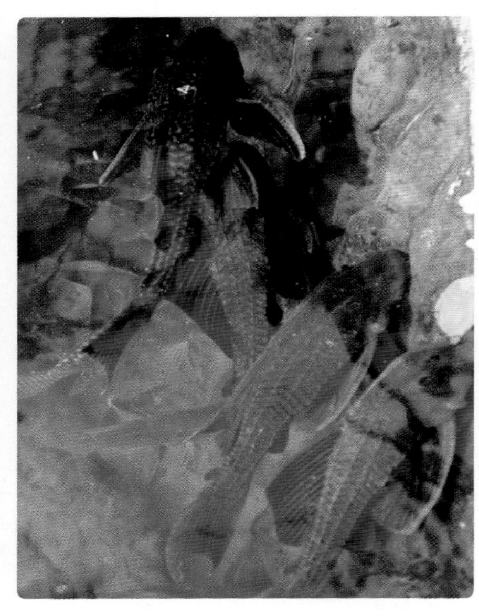

超过20厘米的琵琶鱼在荷花池里出现，十分惊人。

台湾生态的问题不少，大多与长久追求经济发展有关，包括森林、栖息地的破坏等，其中有一特殊的生态问题却是与宗教信仰有关，而且一直未能改善或解决。“放生”原本是放弃杀生的慈悲行为，如今大规模的商业化放生衍生出许多严重的生态问题，是值得好好深思与面对的。

台湾属于高度敏感且脆弱的岛屿生态系统，其中特有种的比例高达四分之一至三分之一，任何外来种的入侵都可能带来毁灭性的严重后果，包括与原生生物种类的竞争、排挤、捕食或杂交，都会改变原有的生态平衡，并进而危及台湾原生物种的生存。例如牛蛙入侵台湾蛙类的生活环境，已使台北树蛙、沼蛙等原生蛙类大幅减少。

多年来宗教团体喜欢放生的种类以鱼类和鸟类居多，其中鸟类以斑鸠、麻雀、白头鹎、暗绿绣眼鸟等最为常见，鱼则以淡水养殖鱼、海鱼、泥鳅、鳝鱼等为主，但也不乏指定特殊的种类，如画眉鸟等，更造成走私动物的衍生问题。据估计，一般从野外捕捉可以成功存活且送至动物园饲养的比例大概只有20%至30%，其中鸟类的存活率一般更低。以此推估一次“放生”释出的动物，背后隐藏的死亡数字是多么惊人。

除了捕捉的问题之外，放生活动一般缺乏动物知识与对生态环境的了解，进而导致动物大量死亡，同时也会造成环境冲击。同时因为放生的需求常常包含一些非台湾原生的物种，也使得放生活动成为走私外来种动物的重要源头之一。原本出于善意的放生活动，却导致更多宝贵生命的丧失，应是任何佛教徒都不乐见的，如果真要救生救苦，不妨多多赞助保护运动，保护栖地与生活其中的无数生物应是更大的功德。

除了宗教的放生问题之外，台湾宠物动物也常以“放生”为由而遭弃养，往往造成严重的生态灾害，例如巴西龟、鳄龟、金仓鼠（俗称金丝熊）、牛蛙、琵琶鱼、血鹦鹉、孔雀鱼、克氏原螯虾（俗称小龙虾）、爪哇八哥与鹦鹉等宠物都是外来种，这些大受欢迎的外来种都是竞争能力强、存活率高、抗病力强、成长速度快、对食物选择较低的物种，一旦弃置野外，将造成严重的生态冲击。照顾宠物必须有始有终，不能以毫无责任感的“放生”当借口而随意弃养。

买了又放，放了又捉，是真的在做放生功德吗？

饲养宠物得从一而终，别以放生为借口而弃养。

好似画着眼线的斑嘴鸭也是冬日十分常见的雁鸭。

Lesson 36

The 100 Essentials of Nature Lessons for Parents

秋天的课堂：丰收的季节

秋天雁鸭水鸟季

台湾的地理位置特殊，位于欧亚大陆的东侧，又是东亚岛弧的中枢，因此候鸟南来北往都会经过台湾，每年有数以百万计的候鸟到此歇息或度过冬天与夏天。

台湾从北至南的海岸与河口湿地，是候鸟的度假中心，丰沛的食物来源与安全的庇护环境，让远道而来的候鸟得以歇息。每年9月一直到来年的4月正是欣赏这些娇客的好时机，其中尤以雁鸭最有看头，不仅数量多，而且白天多半在河面上载浮载沉，只要定点以单筒望远镜观察，就可以看个过瘾。

台北的关渡自然公园于每年10月会应景地举办“雁鸭水鸟季”，鸟会义工热心解说，而且架设许多单筒望远镜，让许多第一次赏鸟的人惊呼不已。原来河面上的黑色点点是一只只水鸟，有的缩着脖子熟睡中，有的忙着整理羽毛，还不时进食一下，漂亮的羽色在水波荡漾下更显出色。通过望远镜才能逐一分辨不同的水鸭，不过对雁鸭水鸟的辨识真是不容易，一旦学成之后，赏鸟功力马上大增，可以进阶挑战其他的鸟类。

除了关渡自然公园之外，其实还有许多地方可以欣赏雁鸭，一般状况良好的河口湿地都不难找到雁鸭的踪影。例如台北就有一个世界少有的都市湿地——华江桥雁鸭公园，早年栖息于此的雁鸭数量极为惊人，但因泥滩的陆化导致食物不足，如今每年冬天大概只有几千只而已。不过大台北生活圈里很容易就可看到雁鸭漫天飞舞，应该也算是难能可贵的幸福吧！

此外，北海岸的清水湿地、田寮洋湿地，宜兰的塭底湿地、下埔湿地、五十二甲与无尾港，中部的高美湿地或是嘉义的鳌鼓湿地、台南曾文溪口以及高雄的湿地公园等，秋冬季鸟况都很不错，值得一游。

头部的过眼线与嘴喙的黄色斑点是辨认斑嘴鸭的最大特征。

凤头潜鸭也是来台越冬雁鸭种群中相当庞大的一种。

琵嘴鸭模样特殊，十分容易在鸟群中辨认。

绿翅鸭是北部雁鸭公园每年必到的常客。

Lesson

37

The 100 Essentials of Nature Lessons for Parents

秋天的课堂：丰收的季节

跟着飞鸟去旅行

灰鹡鸰是常见的冬候鸟，也常出现在都市区。

只要一个望远镜和一本图鉴
就能开始赏鸟旅行了！

生活在台湾的人何其幸运，大小适中的岛屿有丰富的生态系统，除了四周的海洋之外，从平地、低海拔、中海拔一直到高山地带，各式各样的植物生态系统孕育了丰富的生物群相，加上气候温暖宜人，农业生产发达，我们拥有的优异自然条件确实足以傲视全球。

以赏鸟而言，独步全球的世界性景观就有9月到10月的垦丁赏鹰季，以及9月至来年4月台南曾文溪口的黑脸琵鹭，而以鸟种的数目来说，目前中国台湾正式记录有533种鸟类，占全世界鸟种的十八分之一，若除以单位面积，则台湾地区的鸟种密度高居世界第二，堪称是环境条件十分优异的野鸟乐园。

生活在台湾，每一季都有鸟可赏，而且无须远行，在都市公园、郊区山边、海岸河口，都能欣赏到多彩多姿的鸟类生态。如果还想一赏中高海拔的山鸟风采，许多森林游乐区都是很好的选择，山鸟不仅美丽，唱起歌来更是婉转动听，与赏水鸟是截然不同的自然体验。

春天是鸟类育雏的季节，都市区就有赏不完的家燕与候鸟等，夏天都市鸟况乏善可陈，不妨安排离岛赏鸟行，澎湖赏燕鸥是首选推荐。时令进入秋冬，热爱赏鸟的人简直分身乏术，从海岸、河口、湿地一直到中低海拔山区都有可观之处，特别是台湾火棘、山桐子正值结果期，这些大自然的野鸟餐厅是山鸟度过秋冬的重要食物来源，只要找到结实累累的诱鸟树木，守候附近，一定会有丰硕的赏鸟收获。

跟着飞鸟去旅行，每一季、每一年都有说不完的新鲜故事，还有听不完的好听歌曲，让我们带着望远镜看鸟去，这样才不致辜负大自然给予我们的丰富鸟类相。

黑翅长脚鹬这种长腿的水鸟在秋天会成群飞抵台湾越冬。

玉山噪鹛是高海拔山区最常见的鸟种代表。

溪流旁常可以见到红尾水鸲的身影。

在都市区公园就能观察到凤头鹰这种猛禽。

Lesson

38

The 100 Essentials of Nature Lessons for Parents

秋天的课堂：丰收的季节

夜鹭与翠鸟

雌翠鸟的下嘴基为红色，酷似女孩画了口红，雄鸟则没有，非常好辨识。

台湾地小人稠，庞大的人口压力迫使许多生物的生存空间不断遭到压缩，除了都市空间之外，近郊的低海拔山林也一一被开发成别墅住宅，许多山林逐渐破碎，残余的生物好像生活在一座座绿色孤岛里，偶尔越界闯入人们的生活空间，还会激起不小的涟漪。

不过生物的生存韧性往往是出人意料的，有些“识时务者为俊杰”的生物找到可利用的空间或资源，反而安然地在人们周遭生活下来。例如生活于水边的夜鹭和翠鸟，就是其中两个鲜明的例子。

夜鹭一般生活于河口地带的红树林、竹林及木麻黄防风林里，硕大的眼睛是鹭科鸟类里少见的，方便它们在光线不佳的清晨与黄昏活动觅食，所以台湾一般习惯称呼它们为“暗光鸟”。夜鹭在白天时多半缩起脖子、单足伫立于树上休憩，每当清晨与黄昏猎食时，多半在流速平缓的溪流浅水区静静站立着，或是慢步缓行，等待猎物接近，再以尖锐的喙捕捉水里的小鱼、蛙或昆虫，基本上夜鹭是机会主义者，捉得到的小动物都来者不拒。

如今许多都市公园的水池边都找得到夜鹭的踪影，不过大多形单影只，可能是无意间发现人工水池的竞争者少，不必与其他鹭科鸟类争夺好的觅食地点，而且水池的鱼也不像溪流小鱼那般警觉，是容易到手的猎物。像台北的大安森林公园、植物园，都有夜鹭在此安居乐业。

俗称钓鱼翁的翠鸟也是另一奇特的例子，它们一般喜欢清澈且流速和缓的水域，觅食时多半伫立于岸边的岩石、枝条上，目不转睛地注视着游动的小鱼，一旦有机可乘，就像个快速炮弹般疾射入水，捕捉到小鱼就飞回原来的栖枝，然后左右拍打让鱼昏厥，再将鱼头转向内侧整条吞食。如果看到翠鸟衔着小鱼却不吞食，很可能是正值繁殖期的翠鸟，嘴里的小鱼是准备拿来喂养幼鸟的。

原本只能在溪涧、河川、池塘等环境才看得到的翠鸟，如今在植物园的水池边也有稳定的存在，矫健的身手宛如一颗闪闪发亮的蓝宝石，吸引着人们的目光。不过这些出现在都市公园的翠鸟多半是为了食物而来，它们繁殖下一代还是需要挖洞产卵，而台湾的河川整治工程常将原本的自然土堤改成混凝土堤防或水泥护岸，对翠鸟的生存造成莫大的威胁。

夜鹭捕鱼的场景每天都在公园里上演，可以就近观察。

夜鹭在公园的水池中站成一排，等待猎物自己送上门。

环颈雉是栖息于低海拔的雉鸡，花东地区的开阔垦地很常见到它的身影。

Lesson 39

The 100 Essentials of Nature Lessons for Parents

秋天的课堂：丰收的季节

漫步山林的雉鸡

台湾的雉科鸟类在世界上可是鼎鼎有名的，例如只生活在台湾的特有种蓝腹鹇、黑长尾雉（又名帝雉），雄鸟艳丽绝伦的羽色让20世纪初发现它们的西方博物学家惊为天人。时至今日，台湾不遗余力地保护鸟类，让蓝腹鹇与黑长尾雉的数量确实大为增加，野外目击它们的几率也不小，不过森林栖地的保护还是不能掉以轻心，唯有保留大面积的原始森林，才能让它们继续生存下去。

黑长尾雉生活于海拔较高的高山地带，大多于针叶林或针阔叶混合林的底层活动，雄鸟与雌鸟的体色差异极大，在繁殖季节时雄鸟会展示其华丽的羽色，并且对雌鸟大献殷勤，反复跳着繁复的求偶舞蹈，以争取雌鸟的青睐。优势的雄鸟会有三妻四妾，形成一雄多雌的繁殖种群。

同样一身艳丽羽毛的蓝腹鹇也与黑长尾雉有着类似的繁殖习性，不过它们生活于中海拔的阔叶林内，更容易与人们不期而遇。多年前曾从桃园上巴陵纵走至台北乌来福山，就在清晨五点多于达观森林游乐区的林道上与蓝腹鹇碰个正着，原本缓步轻移的雄鸟，发现我们之后，马上展翅飞向下方的纵谷，优雅的姿态与闪耀的蓝色身影，大大震撼了我们，原来蓝腹鹇才是这座森林的王者。

蓝腹鹇与黑长尾雉都是由雌鸟负责孵卵与照顾幼雏，雄鸟只需巡视领域，驱赶入侵的雄鸟，并保护家眷的安全即可。觅食时多半成群结队走在林下，以嘴喙啄食地面的新叶、幼芽、花或浆果、种子等，也会用脚爪扒开落叶与腐殖土，啄食里面的小虫或蚯蚓等。不过一旦繁殖季结束，幼鸟可独立生活之后，它们就会各分东西单独生活，直到来年下一个繁殖季开始。

台湾最为常见的雉鸡是生活于低海拔的竹鸡，天性机警且害羞，不容易看到它们，不过声音倒是响亮无比，常常动不动就听到它们高亢的“鸡狗乖——鸡狗乖——”的连续叫声，是许多人都熟悉的声音。有时带狗散步时会与竹鸡不期而遇，如果距离很远，它们通常只是快步走入草丛，如果过于靠近，就会看到竹鸡急迫地飞跃跳离，还一边鸣叫，真是像成语形容的“鸡飞狗跳”，只是狗狗永远追不上竹鸡，还常搞得一头雾水，但狗狗还是乐此不疲。

蓝腹鹇一身亮蓝色的羽毛，非常让人惊艳。

黑长尾雉的雌雄体色差异很大，栖息于较高海拔的山林。

竹鸡生性害羞，常只能闻鸡啼，无法见其踪。

Lesson

40

The 100 Essentials of Nature Lessons for Parents

秋天的课堂：丰收的季节

收藏叶片

叶片是树木的名片，对于从事植物分类的学者而言，采集叶片标本是必要的工作之一，叶片也是辨识植物的重要基础。不过对一般人来说，收藏叶片的原因显得浪漫得多，纯粹爱上的是叶片的美丽外形，或是灿烂的色彩，想要将刹那的感动永恒保存下来。

收藏叶片的方法很多，最简单的莫过于拾起落叶，稍加整理一下，夹入随身携带的书本或笔记，过一阵子打开书本，就是一片可以永久保存的干燥叶片。以前念书时经常随手拾取自己喜爱的叶片，几乎每一本课本都少不了叶片的点缀，也常常将它们遗忘在书里，直到某年某月打开书本，掉出干枯的叶子，才又回想起当时的心情，为生活平添许多意想不到的乐趣。

此外，叶子拓印也是一种“懒人的自然记录”，只要准备叶片、颜料、纸张或麻布、棉布等自然素材的布料即可，不过想要拓出漂亮的叶拓，首要就是选择叶脉突出的叶子，然后完成构图，再将颜料均匀涂抹于叶片上，覆上被印物再适度用手推压，即可完成美丽叶拓。其实叶片也可成为美术创作的好素材，自然DIY达人黄一峰以“拼贴一张自然的脸”在各地开课与学生分享，有趣的是每一个人拼贴出来的脸与自己都十分神似，各式各样的叶子成了头发、嘴唇或眼睛。这些创意十足的作品印证的是每个人潜意识里的自我长相，也让许多人有重新认识自己的机会，实在非常值得推荐给中小学的劳技课程。

不过创作时要选用干燥的叶片，因为新鲜叶片保存不易，一旦干枯、卷曲、变形，完成的作品就会跟着毁损，如果想要长久保存，还是要先将叶片做阴干处理，虽然色泽不如新鲜的好看，却可成为永久的作品。

用树叶做拓印，是每个人都能做的创作。

叶子随处都可以取得，只要花点心思，都能玩出不同的叶子游戏。

Lesson 41

The 100 Essentials of Nature Lessons for Parents

秋天的课堂：丰收的季节

结实累累的季节

棱果榕一年四季都能结果，成了许多生物的补给站。

Hauil Fig Tree *Ficus septica*

台湾栾树的粉红果实是秋天的代表性景致。

秋天是收获的季节，节节下降的气温提醒许多生物预做准备，像是落叶树木在寒冬来临之前，得先将叶片在夏天进行旺盛光合作用的产物储存起来，以备漫漫冬天之用，于是回收养分的过程造就了我们最喜爱的秋天盛景，满山红叶、黄叶的灿烂景致是落叶树木休假前的最后演出。

除了叶片的变化之外，果实也是许多生物不可或缺的食物来源，不多储藏一些怎么度过食物短缺的冬天？其中台湾阔叶原始林的壳斗科树木扮演很重要的角色，而各式各样的壳斗科果实更是抢手的食物，松鼠、鼠类忙着进食、搬运、储藏，但也常常把它们遗忘在森林的某处，于是无形中帮了壳斗科植物的大忙，让它们下一代可以开拓领域。不过对我们而言，壳斗科果实的外形十分吸引人，许多动画作品都会出现它们造型可爱的果实。每一颗坚硬果实戴着一顶小小呢帽，不仅有各种造型，就连颜色也很多变。秋天走在森林里捡拾果实，是这个季节专属的生活乐趣。

春天开满灿烂紫花的苦楝，到了秋天的落叶季节，除了满树黄叶之外，一颗颗黄澄澄的果实是野鸟的最爱，也是入冬之前的最后盛宴，野鸟不忘多吃一些，于是苦楝便成为秋天赏树、赏鸟的主角之一。而低海拔地区常见的乔木棱果榕，一年四季都能结果，成了许多生物的补给站。

台湾栾树的果实是秋天的代表性景致，特别是刚从花朵结成红褐色的果实，满树灿烂，还让不少人误以为是开花的盛景。栾树的果实造型奇特，气囊状的蒴果挂满树顶，风一吹过会发出沙沙的声音，果实的寿命很长，可以一直从秋天延续到冬天结束前，别忘了挑个好天气，走在栾树下，好好聆听一下它们吹奏的秋冬之歌。

壳斗科果实造型可爱，每颗果实都戴着一顶小小呢帽。

秋天是松鼠储存壳斗科果实准备越冬的忙碌季节。

树下发现成堆的壳斗科果实，应该是松鼠储存的食物。

Lesson

42

The 100 Essentials of Nature Lessons for Parents

秋天的课堂：丰收的季节

树木的思考

大自然没有所谓的“垃圾”等废弃物的问题，一个健全的生态系统包罗万象，有生产者、消费者，也有分解者等清道夫的角色，任何生物的生生死死都同时滋养了其他的生命，让整个生态系统生生不息。

就拿我们最为熟悉的山樱花（钟花樱桃）来说，春天满树桃红的樱花引来了暗绿绣眼鸟、白头鹎等野鸟，大方提供甜美的花蜜，养活了无数鸟类与昆虫，而山樱也借由这些生物的帮忙，顺利传粉、授粉与结果。结满果实的山樱是野鸟最好的自助餐厅，即使鸟儿不断地进食，还是有许多成熟的小樱果落满地，有的有机会萌芽，长成小树苗，但大多果实则腐化分解成养分，滋养土壤或土里的微生物等。有些果子被鸟类取食之后，种子随着鸟的排泄物而落地生根，虽然发芽的几率和满树的果实相较之下并不高，但整个过程却喂养了无数生命。对山樱而言，它的养分来自绿叶的光合作用与大自然的雨水，开出满树的花朵与果实，但它从未耗损周遭环境资源，相反还大方回馈生态系统，让其他生命可以繁衍滋生。这就是所谓的“树木的思考”，也是树木生态系统的运作模式。

原生于马来西亚、苏门答腊以及婆罗洲雨林的龙脑香（Kapur, *Dryobalanops aromatica*），是雨林的优势树种，大树常可长到60米高，它们有一奇特的习性，即所谓的“害羞的树冠”（crown shyness），就像是同性相斥的磁铁般，只要碰到同一种的树木，它们的树冠从来不会重叠，枝条上的叶片都壁垒分明，不同树冠之间也形成清楚的“楚河汉界”分界线，从树下仰望这些高耸林立的龙脑香，好像有一只无形的手让它们永生不得碰触，即使随风摇摆，也不曾相互接触。其实这个有趣的现象应该是与雨林的激烈竞争有关，许多树木必须在有限的空间内竞争阳光与水分，龙脑香的特殊树冠习性，可以让它们避免遮蔽了同类树木所需的阳光，才能共构出龙脑香繁生的热带雨林。

树木的生存智慧是与其他生命共生共荣，同时也让自己的种群获利，让生态系统生生不息，我们人类却多半以掠夺的方式强占领域，耗损资源，或许我们也该试着从树木的思考角度重新出发，寻觅更为理想的生存方式。

小小山樱花果实却蕴藏了大大的生命策略。

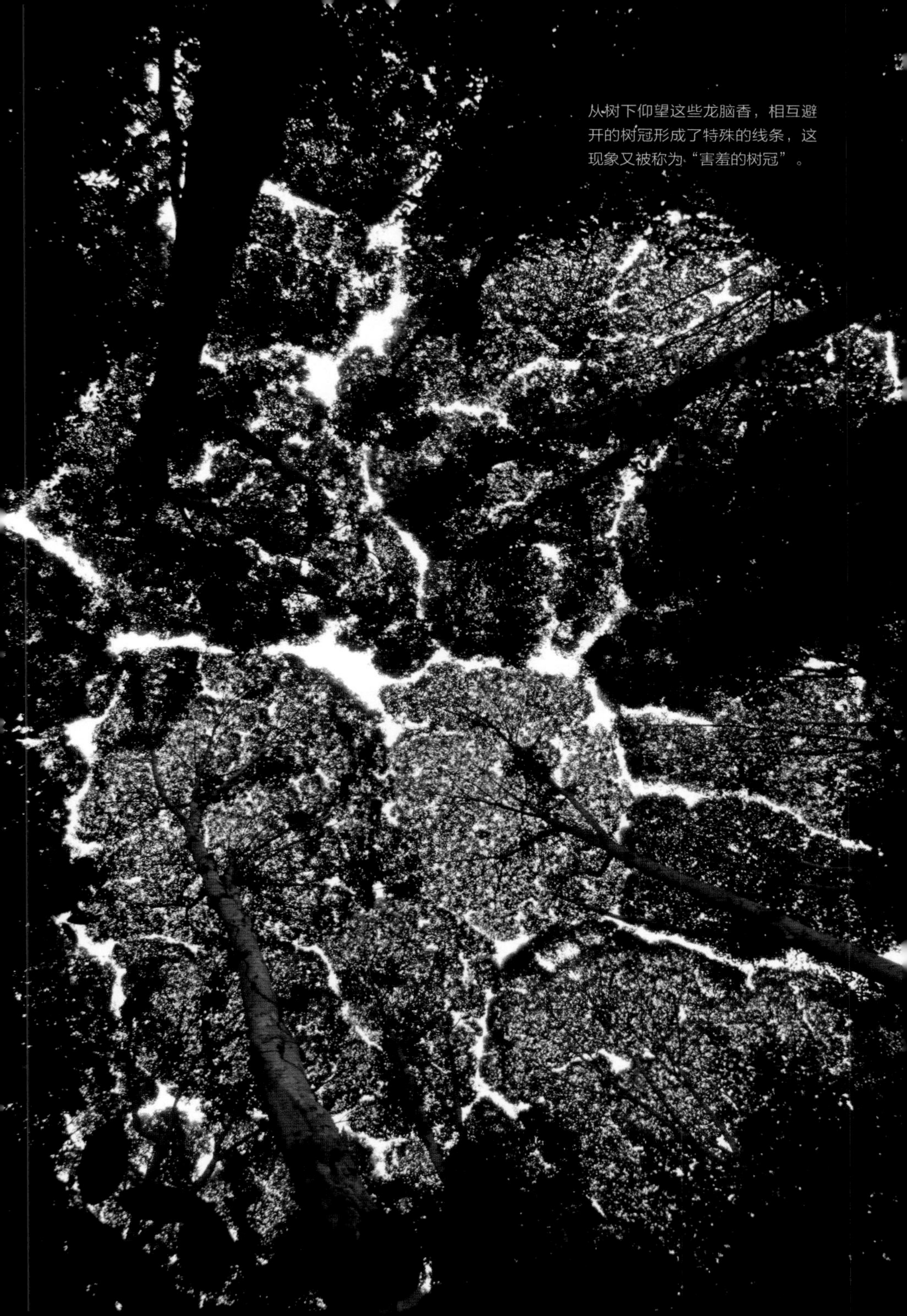

从树下仰望这些龙脑香，相互避开的树冠形成了特殊的线条，这现象又被称为"害羞的树冠"。

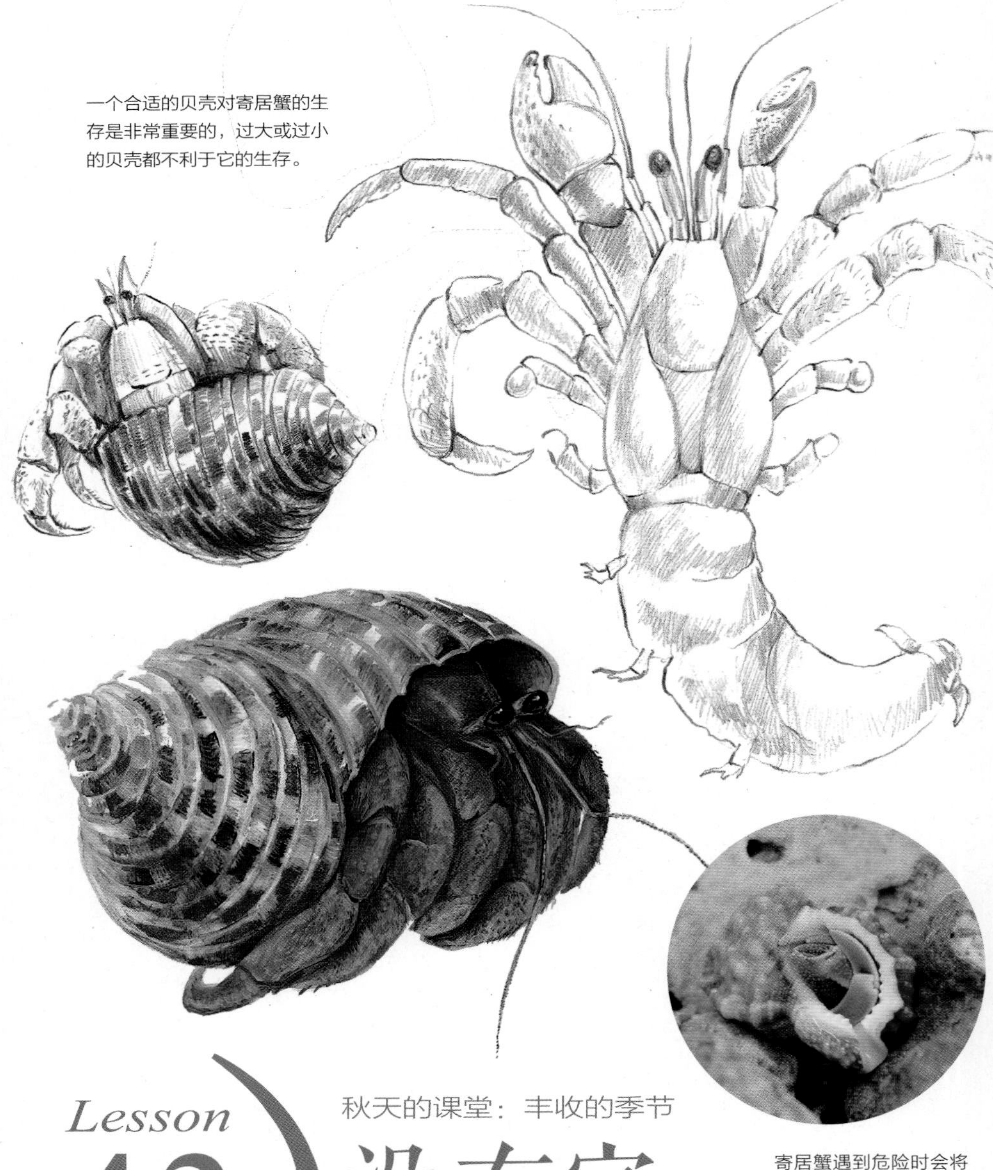

一个合适的贝壳对寄居蟹的生存是非常重要的，过大或过小的贝壳都不利于它的生存。

寄居蟹遇到危险时会将自己藏进贝壳中。

Lesson

43

The 100 Essentials of Nature Lessons for Parents

秋天的课堂：丰收的季节

没有家的寄居蟹

大家常以“无壳蜗牛”或“寄居蟹”之名来抗议现今的高房价，让许多人终其一生也买不起房子。其实自然界里的寄居蟹一样面临无壳可居的窘境，而且这样的生存困境大多是因我们而起的。

台湾约有60种寄居蟹，除了4种是生活于陆地上的陆寄居蟹，其他大多数种类均生活于大海或潮间带，其中以珊瑚礁的潮间带最容易发现寄居蟹的踪影，特别是一个个潮池里，多有小小寄居蟹生活其中，非常值得观察。

寄居蟹与螃蟹大不相同，缺乏甲壳保护的它们必须寄居在空的贝壳里，同时随着身体成长而不断更新贝壳。为了方便居住于贝壳内，它们的尾部是歪的，同时还有尾板的构造，让它们可以勾住贝壳的螺纹，如此才可以住得既安稳又舒适。遇到敌人来袭时，它们只要缩进贝壳里，同时用大螯挡住洞口，任是强敌也无可奈何。

生活在海里的寄居蟹常会背着海葵，它们共生互利的关系是大家耳熟能详的生物教科书，寄居蟹背海葵的目的是为了保护自己，海葵身上有刺细胞，寄居蟹的移动有利于海葵捕食水中猎物，而海葵则可帮忙寄居蟹防御敌人。寄居蟹最害怕八爪章鱼等掠食动物的攻击，章鱼会用灵活的八只脚将寄居蟹紧紧包覆着，然后将它们从壳内拖出捕食之。有了海葵的保护，章鱼再灵活也没用，海葵的刺细胞会把章鱼蜇得落荒而逃。

生活在海岸林里的陆寄居蟹是重要的生态系统清道夫，同时也肩负为海滨植物传播种子的重责大任。

但是大家漫不经心的态度让寄居蟹的生存受到威胁。毫无节制的海产需求，把海里的贝类一扫而光，沙滩上的贝壳我们把它带回家当纪念品，让寄居蟹成了“无壳蜗牛”。还有兜售野生寄居蟹的商业行为更是雪上加霜，因为寄居蟹是无法人工繁殖的。

但这些危机对于寄居蟹的威胁，还是远小于各种工程对海岸线栖息地的破坏。海岸线的改变，让原本有贝壳堆积的沙滩消失了，这些人为的因素让许多陆寄居蟹根本找不到适合的贝壳，来作为它们的家，于是出现了许多住在塑料瓶盖或各式瓶罐中的寄居蟹，是相当严重的生态问题。

一个合适的贝壳对寄居蟹的生存是非常重要的，除了保护身体之外，还能够避免被捕食者猎食，爬行时也可以保护柔软的腹部，同时避免受到温度变化、缺水或盐度变化的影响，此外对于雌寄居蟹的卵团也有保护作用。

希望“让寄居蟹有个家”不只是个民间运动的口号，有关单位在做土地规划的时候，对于我们的海岸线手下留情，谨慎思考海岸开发的问题，还给寄居蟹和广大的海洋生物们一个安全的家园吧！

找不到贝壳的寄居蟹只好转用瓶盖当成自己的家。

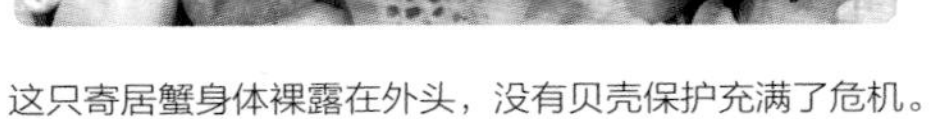

这只寄居蟹身体裸露在外头，没有贝壳保护充满了危机。

健康的海岸边可以见到大小不同的寄居蟹到处游走。

体型较大的陆栖寄居蟹除了找不到家的危机外，还要面临人类捕捉的压力。

Lesson

44

The 100 Essentials of Nature Lessons for Parents

秋天的课堂：丰收的季节

瓶瓶罐罐的鸣虫音乐会

秋天是欣赏鸣虫的季节，天气凉爽之后，许多鸣虫的活动力也变好了，趁着冬天来临前，把握最后寻找伴侣的机会，于是沁凉如水的秋夜成了大自然的弦乐独奏会，非常值得聆听欣赏。

其中日本钟蟋（又名铃虫）是我的最爱，清脆的风铃声让人百听不厌，每每在夜晚带狗散步时，听到草丛或灌木里传来的铃铛声，就知道秋天到了，虽然一直看不到它们的庐山真面目，但也像熟识的老朋友般伴我度过许多秋天的夜晚。

直到几年前认识了鸣虫达人许育衔，和他合作出版了两本鸣虫的书，蒙他赠送几盒饲养的铃虫，让我更进一步领会鸣虫的乐趣。在他的巧手布置下，昆虫饲养箱成了自然的小天地，里面绿意盎然，小小的室内植物成了铃虫躲藏的庇护所，还有石块与木头，搭配装水及食物的小瓷盘，小小天地让人百看不厌。最好的是每到夜里熟悉的铃声传到耳中，原本只能在户外欣赏的自然弦乐，如今成了伴眠的乐曲。和我同居一室的猫咪莎莎最爱铃虫，总是坐在饲养箱前仔细聆听，成为夜行性的她最好的伴侣。

现代的居家空间，大家都喜爱用绿色植物布置，接近自然的渴望表露无遗，如果利用透明的容器或是瓶瓶罐罐，发挥一些巧思，布置成鸣虫的家园，除了可以欣赏美丽的绿色世界外，每当鸣虫响起悠悠鸣声，那种浑然天成的自然声音，会带给我们最大的满足。

日本人一直都有饲养铃虫、欣赏铃虫鸣声的传统，他们甚至还认为如果秋天不曾聆听铃虫的声音，则代表虚度了这一年。鸣虫依循着自然的脚步，年年鸣叫，代代相传，只是微弱的鸣声大多被电视、音响、计算机等声音淹没了，让我们年年虚度光阴。

Lesson

45

The 100 Essentials of Nature Lessons for Parents

秋天的课堂：丰收的季节

纸钞上的台湾动物

许多国家的纸钞多半以具有代表性的元首或国王肖像为主要图样，但到南非旅游时则发现他们的纸钞是以“非洲五霸”为图样，即非洲最具代表性的五种大型哺乳动物——大象、犀牛、非洲水牛、花豹及狮子，让南非的纸钞不仅美丽，又极富非洲风情，于是我把每种币值的纸钞都各保留一张以兹纪念。

反观台湾的新台币，新版的纸钞确实少了许多政治意涵，但台湾的动物仍被摆在不显眼的背面，恐怕许多人也不曾特别留意过。其实纸钞的流通量极大，又与每个人的生活息息相关，是传递讯息的好媒介，因此特别介绍这三种出现在新台币纸钞上的台湾动物。

500元纸钞的背面是梅花鹿，台湾的梅花鹿野生种群已在1969年完全绝迹，目前只有垦丁公园里的社顶以及绿岛有复育及野放的梅花鹿群。梅花鹿过去多半生活于台湾西部的平原或低海拔的丘陵地带，有水源且可藏身的树林是它们最理想的栖息环境。然而随着台湾西部快速的开发脚步，梅花鹿的栖息地一片片消失，终至毫无立足之地。

1000元纸钞的背面是台湾特有的黑长尾雉，以前称为帝雉。黑长尾雉的发现让台湾的鸟类登上世界舞台，但艳丽绝伦、数量稀少的黑长尾雉还一度被列入第一级濒临绝种的保护动物，经过二十余年的保护努力以及玉山、雪霸等高山公园的成立，让它们的栖息地得以完善保留，目前数量稍有回升，但仍属第二级的珍贵稀有保护动物。

2000元纸钞的使用频率很低，大概也很少人会注意到背面的樱花钩吻鲑。樱花钩吻鲑是非常珍贵的冰河时期孑遗生物，被封为台湾的“珍宝鱼”，也是第一级濒临绝种的保护鱼类。樱花钩吻鲑在台湾生活了数十万年，演化成为陆封型的鲑鱼，不再需要每年循着河流洄游至大海，发源于雪山的七家湾溪就是它们独一无二的家园。秋天来到武陵农场，往吊桥下方清澈的溪水仔细观察，很容易发现樱花钩吻鲑的身影。

新台币500元纸钞是以梅花鹿为图案。

珍宝鱼樱花钩吻鲑是2000元新台币纸钞的主角。

爸妈必修的
100堂自然课
Chapter 4

结实累累的稻穗收割后，
冬天的休耕稻田换成油菜或紫云英上场，
大片花田滋养土壤，也让我们得享繁花美景。
众生寂寥的寒冬里，是适合沉思与阅读的季节。

冬天的课堂：

大自然教我们的事

The 100 Essentials of Nature Lessons for Parents

Lesson

46

The 100 Essentials of Nature Lessons for Parents

冬天的课堂：大自然教我们的事

地球之肺 热带雨林

热带雨林是分布于赤道两侧到南北回归线之间的美丽绿带，如今主要有三大块，包括南美洲的亚马孙雨林、非洲的刚果河流域，以及亚洲南部包括马来西亚、泰国、越南、印度尼西亚及菲律宾一直延伸到澳洲、新几内亚等地。根据联合国的研究报告，目前每秒钟约有一片足球场大的雨林消失，消失的主因包括伐木、畜牧、农业以及油棕园的开发等。

树木会光合作用，固定空气中的二氧化碳，产生动植物呼吸所需的氧气，因此绵延不绝的雨林常被称为“地球之肺”。例如全世界最大的亚马孙雨林，产生的氧气量占了全世界氧气总量的33%，只有保护热带雨林的完整性，才能够维持大气中氧气及二氧化碳的平衡。

一旦雨林消失，生态系统的碳循环便会大受影响，导致大气的二氧化碳浓度持续上升，于是地球的温度也节节上扬，气候变暖的恶果如今已日趋严重，每年都在世界各地造成严重的灾情。

此外雨林也是地球涵养水源的重要生态系统，健康的雨林有助于维持地球正常的水循环，雨林的大量消失将导致大气缺乏水蒸气，云层无法形成，进而减少降雨的几率，于是旱灾层出不穷。以土壤养分的循环来看，热带雨林就像是大吸尘器，把所有水分和养分迅速吸收回去，就像是一个密闭的系统般，数百万年来循环不已。例如热带雨林的磷（P）全部都储存于植物体内，氮(N)约三分之一存于植物，镁（Mg）则可达一半左右是储存于植物。由此可知，砍伐或焚烧雨林将使生态系统的养分大量流失，而且完全无法弥补。

除了对大气、水、养分的影响之外，雨林的生物多样性也是最为珍贵的自然资产之一，以马来西亚一片一公顷半的雨林来说，其中可能有多达200种以上的树种，虽然每一树种的棵数可能仅个位数而已。雨林生物的庞杂程度超乎我们的想象，而且生物间相互依存的关系也比其他生态系统更加复杂。雨林一旦消失，生物多样性的损失更是难以估算，而且想要恢复成原来的热带雨林生态，估计要400年以上的时间。

目前全球气候问题严重，让世界各国开始重视雨林的保护，根据统计，近十年来三大木材生产国如巴西、喀麦隆和印度尼西亚，大大减少了非法砍伐雨林，保护了约1700万公顷的雨林免遭砍伐，也等于是减少了12亿吨的温室气体排放。但是雨林的保护依然路途遥遥，为了我们自身的生存，“地球之肺”的雨林还是需要持续努力保护的。

热带雨林是涵养地球水源与空气的重要生态系统。

Lesson

47

The 100 Essentials of Nature Lessons for Parents

冬天的课堂 大自然教我们的事

天然净水器的森林

人类的历史里，砍伐树木已行之数千年，许多古文明的瓦解，后来也证实与环境生态的崩解脱不了关系，例如美索不达米亚文明或印度古文明等，就连近年来大受欢迎的古文明遗迹吴哥窟也是如此。但人类似乎很难真正从历史中得到教训，才会一再重演此类的悲剧。

如今无论我们砍伐森林的理由为何，一旦森林消失而且发生大灾难时，我们才会深切领悟森林作为环境守护神的重要性。树木可以维持山坡的稳定，没有森林保护的山坡地，豪雨冲刷造成严重的泥石流，加上河川暴涨，于是水淹造成的灾情更是雪上加霜。过去几年类似的灾害不断在台湾发生，我们有必要重新全面检讨台湾的土地政策。

树木在水循环里扮演不可或缺的重要角色，它们可以拦截并保持水分，湿润的空气在森林上方形成降雨的云层，使降雨规律而正常，同时降雨后吸饱水分的森林，会像海绵般慢慢释出干净的水分，让溪流与河水的水量无虞匮乏。但是没有了森林，正常的降雨就会大幅减少，使世界各地都饱尝旱灾之苦。

记得以前看日本宫崎骏的动画作品《风之谷》，深受感动，他对环境保护的深切关怀以及对树木的爱，都在作品中完整呈现，深富感染力。其中有一片段提及地球环境变得不适合居住，许多大树、森林一一消失，但那些巨木死亡后依然屹立不倒，树干仍持续过滤水分，产生干净的水。那样的画面极富震撼力，也印证了释迦牟尼佛说的："森林就像是一个无限慈悲的生物体，它一无所求并慷慨付出生命的产物，它给予众生各式各样的呵护，甚至还给伐木人遮阴呢！"

树木在水循环里扮演着不可或缺的重要角色，在降雨后吸饱水分的森林会慢慢释出水分，让河水无虞匮乏。

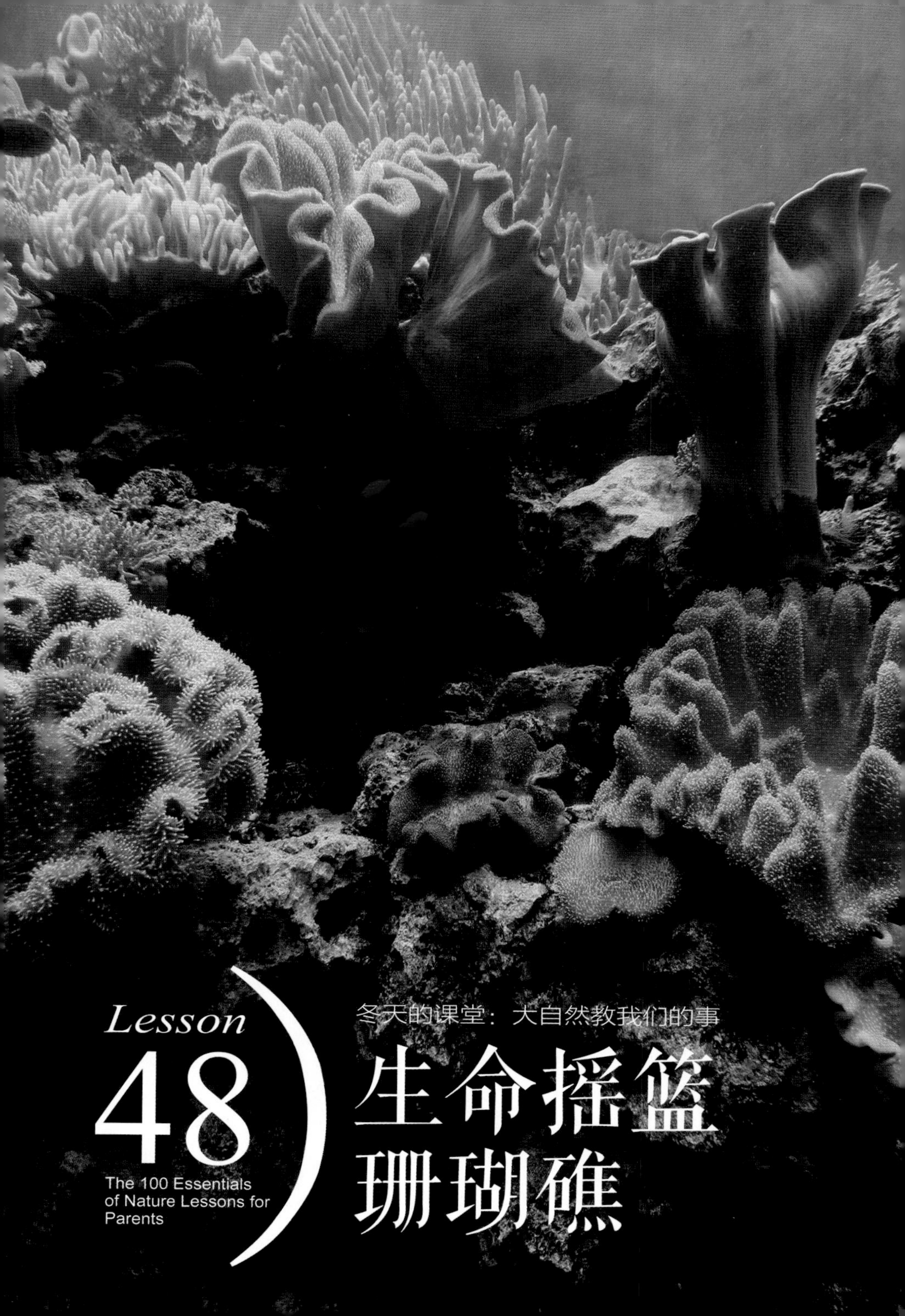

Lesson

48

The 100 Essentials of Nature Lessons for Parents

冬天的课堂：大自然教我们的事

生命摇篮珊瑚礁

以生态系统的生物多样性来说，陆地上首屈一指的是热带雨林，而海洋则以珊瑚礁生态系统高居第一，甚至也有生物学家称之为“海洋的热带雨林”。珊瑚礁多样的空间成为众多海洋生物栖息、觅食与繁殖的重要场所，根据统计，大约有超过四万种的海洋生物依赖珊瑚礁生存，或是在此完成生命最关键的阶段，如果将珊瑚礁称为“生命的摇篮”，其实一点都不为过。

珊瑚礁在阳光充足、水温适宜的热带浅海生长，建构出海洋最繁华兴盛的大都市。不过不同种类的珊瑚生长速度并不一致，例如分枝状的轴孔珊瑚每年可生长10至20厘米，通常是珊瑚礁的主要架构建造者；其他如团块形、柱形和表覆形的珊瑚生长速度比较慢，每年大概只成长1厘米左右。珊瑚的生长速度又和水温、光照等环境条件有关，一般而言，水温23至28摄氏度之间最适合珊瑚的生长，但是水温稍低或稍高的海域就会长得比较慢，造礁活性也比较差。

从自然的过程来看，建造珊瑚礁是一个漫长且动态的过程，一座直径约十余米的小型珊瑚礁，可能需要数百年的时间才能完成；大规模的珊瑚礁广达数公里或数十、数百公里，当然就需要数万年甚至百万年或千万年才能堆积形成，因此所有的珊瑚礁都是大自然的珍宝。

全世界大约有多达6000至8000种鱼类以珊瑚礁为家，其中数量最多的包括隆头鱼科、雀鲷科及蝶鱼科的种类。珊瑚礁鱼类变化万千，色彩多半鲜艳夺目，有的栖息于珊瑚分枝间，有的在珊瑚礁上巡游，有的则攀附或躲藏在底质上生活。许多海洋鱼类在此产卵，因为珊瑚礁是幼鱼最好的庇护空间，健全的珊瑚礁生态系统可以孕育丰富鱼类资源，而鱼类正是许多海洋国家不可或缺的重要蛋白质来源。如果生命摇篮的珊瑚礁大量消失，影响的不只是海洋生态，可能连我们的生存都会发生问题。

台湾海域四周有许多美丽的珊瑚礁。

珊瑚礁是孕育生命的宝库，许多美丽鱼类都栖身其中。

珊瑚礁鱼类是许多海洋国家不可或缺的蛋白质来源。

Lesson

49

The 100 Essentials of Nature Lessons for Parents

蕴藏宝藏的海洋

台湾四面环海，海岸线绵延1500多公里，东临太平洋，又位于西太平洋海上交通的枢纽，四周的海洋资源丰富，各式各样的渔产养活了我们，还有日常生活不可或缺的盐，也取自于大海。海洋蕴藏了无数宝藏，端视我们是否拥有足够的智能与知识，为台湾创造永续生存的条件。

对于地狭人稠又四面环海的台湾而言，多达两千种以上的海洋生物是我们非常重要的食物来源，其中以鱼类占最高比例，大约有数百种之多，其次则为一千种以上的甲壳类、三十余种软体动物以及昆布、紫菜、石花菜等藻类。除了渔民捕捉或采收之外，台湾的水产养殖技术相当先进，以咸水鱼塭养殖高单价的石斑鱼、海吴郭鱼、虱目鱼等，而西部浅海则大量养殖牡蛎及文蛤等。海洋提供了丰硕的食物资源，是我们赖以生存的重要生态系统。

海洋是地球上最大的水体，为了利用海水来弥补淡水的不足，许多地方都大力发展海水淡化的技术，让源源不绝的海水可以解决水荒的问题。台湾虽然年降雨量二千多毫米，但我们在最容易缺水地区的评比里依然名列前茅，为了解决未来的用水问题，海水淡化是可能的对策之一。如今台湾的海水淡化技术已日趋成熟，不过现有的海水淡化厂大多分布在离岛地区。

为了子子孙孙的永续生存，世界各个国家和地区无不铆足全力发展再生能源，其中海洋能源就提供了无限的可能性。海洋能源包括潮汐、潮流、波浪、海流、温差、盐度差等能源，还有海洋上的离岸风力也是可供利用的能源，海洋能源的开发就是针对这些海水的自然能量，直接或间接地加以利用，使其转换为电能。

以台湾而言，波浪发电是可行的方向，由于广阔的海面上经常出现汹涌的波涛，其中蕴藏的能量极为惊人，特别是澎湖西侧海域、巴士海峡、东北部及东部外海的波浪能量较高，是值得发展的部分。此外，目前台湾最适合温差发电的区域是东部沿岸的海底陡坡，水深达一千米以上，表层水和底部水的温度相差了20度，具有发电的潜能。而台湾沿海可供开发海流发电应用的地区，以东部海域及澎湖水道为佳。

以台湾的科技水平而言，开发海洋资源成为源源不断的再生性能源应该不成问题，也唯有善用海洋蕴藏的珍宝，我们才能永续发展。

海岸边的风力发电是未来可以永续发展的环保能源。

海洋提供了丰硕的食物，是我们赖以生存的生态系统。

Lesson 50

The 100 Essentials of Nature Lessons for Parents

冬天的课堂：大自然教我们的事

净化污水的人工湿地

白胸苦恶鸟是人工湿地常见的留鸟。

湿地宛如大地的肾脏，扮演天然净水厂的角色，不仅可过滤污水，许多湿地植物已被证实可以吸收重金属、氮、磷等污染物质，因此人工湿地的概念即是结合传统的污水处理技术以及植物移除污染物的能力，是对环境十分友善的人工设施。

如今大台北地区的大汉溪沿岸陆续设置了11处人工湿地以及砾间处理系统，全部完工之后将可处理大台北地区的家庭生活废水，除了具有整治淡水河流系统的功能之外，由于人工湿地的外观与天然湿地十分类似，因此也可进一步复育河川生态，成为连成一气的河川生态廊道，让生物可以安心在此繁生。

人工湿地主要利用人为工程营造沉沙池、漫地流区、近自然式溪流净化区、草泽湿地区以及生态池等，以微生物及植物分解脏污的能力，过滤都市的生活污水。其中湿地植物扮演着不可或缺的重要角色，例如挺水植物的芦苇或香蒲等禾本科或莎草科植物，不仅生长快速，对营养物质如氮、磷、镁的需求量也高，因此对污染物的移除效果极佳。

浮水植物如凤眼莲或大薸等，繁殖快速，可有效覆盖水面，防止藻类增生，同时也可调和水温、减少臭味散出，亦防止蚊虫滋生，对改善湿地的条件有相当大的帮助。

根据大汉溪的生态调查发现，在人工湿地活动的鸟类已大幅增加，同时也有丰富的鱼类、昆虫及两栖动物等，显见逐渐成为生物喜爱的栖息环境。

人工湿地的各种植物提供了生物掩蔽栖息的空间。

人工湿地里的水柳形成一个美丽的景致。

Lesson 51

The 100 Essentials of Nature Lessons for Parents

绿色奇迹的光合作用

绿色植物是地球所有生命赖以生存的重要基础，它们宛如一座座无污染的化学工厂，分分秒秒不断进行各种活动。白天里绿色植物以阳光、空气、水制造自己所需的养分，再将这些储存起来的养分和能量用于生长以及进行许多维持生命的活动。这种神奇的绿色奇迹就是“光合作用”，如果没有光合作用，地球上将不可能有任何生物存在。

光合作用是绿色植物吸收太阳能后，再以水分及空气中的二氧化碳，合成碳水化合物，并释放氧气。奇特的是，植物靠着叶片里的叶绿体以及许许多多的酶来进行光合作用，不须耗用其他能量，也不须加温，一切都在常温下进行。这样的高效率生产系统，现今拥有高度发展的人类科技的我们，依然无法复制小小的叶绿体化学系统。不过许多科学家还是不眠不休地努力，试图复制类似的绿色高效能系统，解开谜团的那一天，应是全人类之福。

意大利威尼斯港口最近开始兴建一座崭新的发电厂，主要利用微型海藻的光合作用来发电，微型海藻经过筛选后于透明的圆柱管内大量繁殖，充沛的阳光让微型海藻进行旺盛的光合作用，再利用高科技的电浆技术，让大量干燥离心的海藻生质转换成碳，而后的分子分裂推动产生能源的涡轮来发电。这样的发电系统完全不会排放二氧化碳，虽然目前的造价仍相当昂贵，不过至少已朝向正确的方向发展。

日本沿海蕴藏了丰富的海藻，是少数尚未开发的生物质能源。目前他们已开发出“海藻生物质能发酵设备”，用来回收海藻发酵产生的甲烷，并用于发电。海藻的成长过程会吸收二氧化碳，发展类似的生质能源，不仅可减少石油等燃料的使用，又可减少二氧化碳，避免地球变暖进一步恶化，最后的残余物还可做肥料，是好处多多的新能源方向。中国台湾四面环海，同样有丰富的海藻资源，是值得努力的方向。

台湾有丰富的海藻资源，应该好好研究利用。

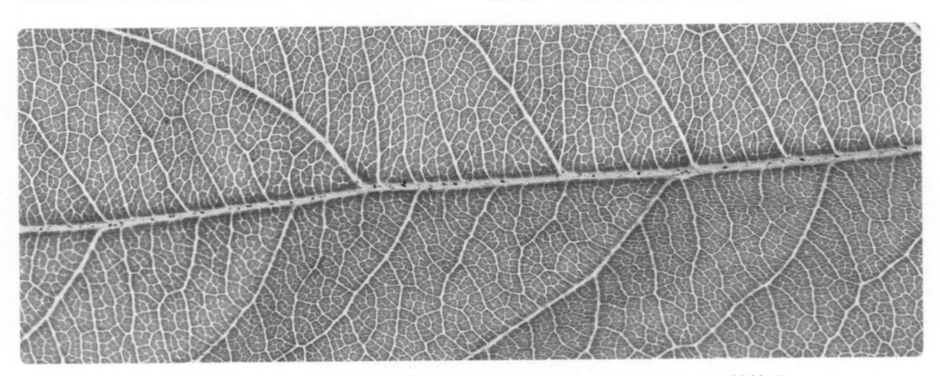

叶片宛如一座座微型的化学工厂，分分秒秒不断进行各种活动，了解其精密之处让人不禁赞叹。

Lesson

52

The 100 Essentials of Nature Lessons for Parents

冬天的课堂：大自然教我们的事

空调大师的白蚁冢

夏天的酷热让生活在都市的现代人，不得不大量依赖空调生活，但地球变暖的进一步恶化，很有可能让我们未来的天气成为极端性气候，酷暑与寒冬将是常态。为了适应如此剧烈的改变，或许我们该多多师法自然，看看其他生物是如何成功存活数亿万年的。

例如生活于澳大利亚与非洲干燥草原上的白蚁，就是非常值得效法的对象。巨大高耸的白蚁冢赫赫林立，宛如一座座寺塔，这些自然界庞大的建筑物是由无数的白蚁以泥沙、植物碎屑混合唾液筑成的，而且所有的白蚁冢几乎都是南北向，其中就蕴藏了“空调大师”的古老生存智慧与秘密。

白蚁冢所在的干燥草原，白天高温常到40摄氏度以上，虽然白蚁冢的表面温度很高，里面的温度却始终维持在适合白蚁生活的30摄氏度左右。原来白蚁冢的中央有一烟囱状的空洞，热空气上升之后由顶端出口流到外面，同时带动新鲜空气由冢壁缝隙流入，巧妙地利用空气对流来调节白蚁冢内的温度。

澳大利亚白蚁冢的外形大多呈现扁平、有棱有角的奇特造型，应是为了有效捕捉阳光。白蚁喜爱温暖的稳定气温，通常白天都会待在温暖的东侧，到了太阳下山的傍晚，白蚁会移向温暖的白蚁冢中心地带。南北向的白蚁冢在当地是最为普遍的，以遮阴及风向等因素来考虑，南北向确实是最适于居住的。小小的白蚁不需消耗任何能源，却能营造最舒服的生活空间，“空调大师”的称号一点也不为过。

日本琉球那霸市的县政府建筑物十分特殊，当初建筑师即参考白蚁冢的结构来设计，希望盖出节能的绿色建筑，成效斐然，非常值得参观。另外欧洲或日本也发展出类似的住宅建筑工法，住宅墙壁由两层构成，中间留有空气流动的缝隙，下方新鲜的空气穿过壁间的缝隙不断流动，再由出风口流入房间，两小时内就可让房间充满新鲜的空气，而且自然的空气流动是不需耗能的。

师法自然是每个人必修的课程，毕竟许多生物都曾熬过地球的剧变而存活至今，或许这也是我们未来生存的关键所在。

巨大的白蚁冢巧妙地利用空气对流来调节里头的温度。

很难想象小小的白蚁竟然能建造出这样巨大的蚁冢。

Lesson 53

The 100 Essentials of Nature Lessons for Parents

冬天的课堂：大自然教我们的事

崭新材料蜘蛛丝

蜘蛛的奇特生活方式与外形，常让它们背负了许多误解与成见，喜欢蜘蛛的人少之又少，其实蜘蛛在生态系统中扮演了重要的角色，值得我们好好重新认识它们。

就拿人见人厌的蜘蛛网来说，它们通常出现在方便蜘蛛捕食其他小生物的位置，不过也有蜘蛛会出现在我们的居家空间，特别是我们很少清理的黑暗角落，一旦有蜘蛛落脚，蜘蛛网的清理常让人既头痛又害怕。

不过居家蜘蛛终究是少数，大多蜘蛛还是以野外为家，全世界约有四万种蜘蛛，每一种都会吐丝，但真正结成蛛网的不到一半。蛛丝的强韧度十分惊人，公认是所有天然或人造纤维中最为强韧的，此外蛛丝虽然纤细，但是承载重量的能力比同样直径的钢丝高出一倍。若将蛛丝泡水，长度虽然收缩成原有的60%，但弹性却增加为原有的一千倍。如此奥妙的材料，当然成为现代生物工程十分热门的目标之一。

蛛丝具有天然的杀菌力，所以史前人类早就懂得用蛛丝做成包扎伤口的绷带，而大洋洲岛屿的原住民也会使用蛛网做成捕鱼的用具。如果能够大量生产并且善用蛛丝这种崭新材料，其应用范围之广将不再是天方夜谭。例如以蛛丝制作防弹衣，重量将只有现有防弹衣的数分之一；以弹性绝佳的蛛丝取代钢丝建造吊桥，大概只需十分之一的材料，不过还必须先解决因弹性太好而剧烈摇晃的问题。想要将蛛丝开发成可行的崭新材料，虽然还是一条漫漫长路，不过由此可知大自然蕴藏了无限珍宝，也唯有自然知识可以为全人类创造更高的福祉与丰富的可能性。

蛛丝的强韧度十分惊人，是所有纤维中最为强韧的。

蜘蛛丝是蜘蛛捕捉食物的利器，有极大的生命智慧。

蛛丝承载重量的能力比同样直径的钢丝高出一倍。

Lesson
54

The 100 Essentials of Nature Lessons for Parents

冬天的课堂：大自然教我们的事

土壤微生物与奇迹苹果

这几年日本木村爷爷的奇迹苹果声名大噪，就连远在台湾的我们也对他的故事耳熟能详，更重要的是他的坚持证明了自然栽培是可行的，如今他更是四处奔波，希望让更多农民一起从事无农药、无肥料的栽培。

在木村爷爷的两本书里，几十年岁月的摸索，在字里行间读到的是乐观主义者的执着与信念，但现实的压力又如影随形，加上一直找不到方法，他几乎就要放弃了。但山林里的大树挽救了一切，让他终于找到答案，原来自然栽培的关键就在土壤，没有健康的土壤生态系统，所有的无农药、无肥料的栽培都是遥不可及的幻影。

读完他的书，让我深刻反省以前在学校学到的理论，当时农业科技一切万能，土壤的养分不够，就多加一些肥料，反正营养三要素氮、磷、镁要多少有多少，而以农作物为食的昆虫一律都是害虫，喷药赶尽杀绝是唯一的选择。但到头来大量的农药、肥料毒害了我们赖以为生的土壤，多余的还流入水体，继续循环危害其他生态系统。这条不归路终于有人开始踩刹车了，要寻觅更为理想的农业栽培方式。

诚如木村爷爷说的，为什么山上的树没有人施肥、喷药，却依然长得旺盛、充满生命活力？秘密就在于养活森林的柔软土壤，自然的土地不需任何人为的照料，而是栖息在这片土地上所有生物合作的结晶，昆虫和微生物一起合力将落叶、杂草及其他有机质分解，让养分回到土壤里循环不息，土壤内无数的细菌与霉菌一起维护健康的土壤。有了健康的土壤，才会有健康的植物，自然也不需任何农药或肥料。

要让农田的土壤恢复健康状态绝非易事，长年的化学肥料和农药早已将土壤的生态系统弄得奄奄一息，以前采访过大屯溪自然农法的黎旭瀛医师夫妇，他们表示台湾的农田要真正干净恐怕得休耕十年以上。但改变总比放弃来得有希望，开始的第一步总是最艰难的，效法木村爷爷恢复苹果园土壤生机的方法，谦卑地面对土地及所有生物，才能留给下一代一片生机无限的大地。

健康的土壤里有无数的细菌和霉菌，还有蚯蚓等生物生活其中，就是帮助果树成长的重要因素。

Lesson

55

The 100 Essentials of Nature Lessons for Parents

冬天的课堂：
大自然教我们的事

自然就是美

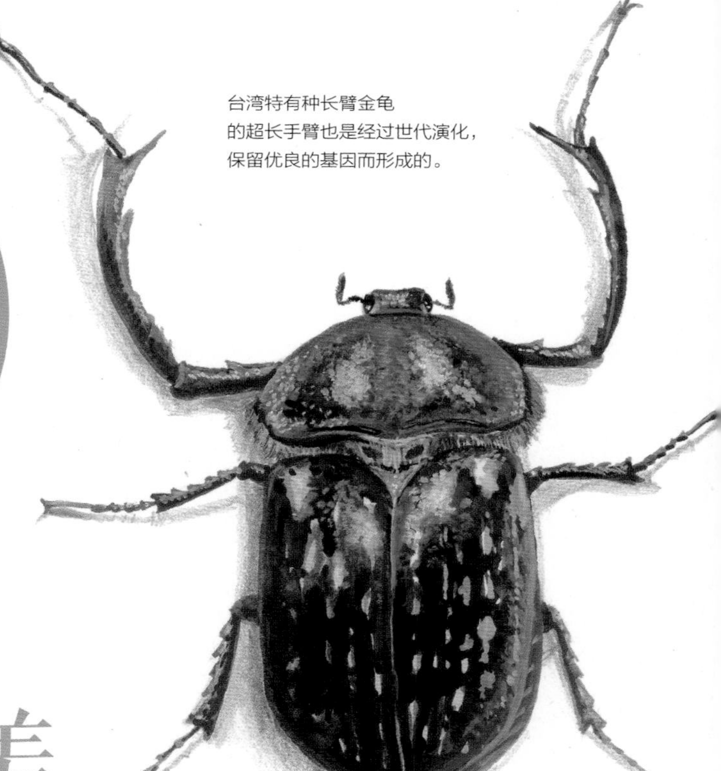

台湾特有种长臂金龟的超长手臂也是经过世代演化，保留优良的基因而形成的。

长鼻猴公猴的大鼻子较容易受到母猴的青睐。

滇金丝猴几乎没有鼻子，与长鼻猴形成强烈对比。

人类对于自然美的喜爱是与生俱来的，美丽的花朵、巍巍的大树、鲜艳的鸟羽等，无一不让我们赞叹、欢喜，大自然的美一直是滋润人类心灵不可或缺的重要部分。如今我们生活的水泥丛林与自然越离越远，我们的家里、窗台、阳台或花园越是种满了各式各样的植物。

“自然就是美”在台湾成为一家化妆品牌的公司标语，也在大众间广为流传，但是熟悉并不代表信服，相反地我们不断做出有违自然的选择，因为“人定胜天”，我们可以改变现状。像流行一时的韩剧，随之而来的美容整形风也横扫台湾，每个人都觉得自己缺点多多，如果可以让自己更美，何乐而不为？于是一家家整形外科林立街头，热衷于改头换面的大众出现了许许多多神似的面孔和长相，美丽成为一致化的产业。

其实大自然的生命原本就是多样存在的，根本没有美丑之分，重要的是能够在强大竞争下成功繁衍下一代，并将有利生存的基因代代传递下去。以我们身边常见的街猫来观察，成功赢得公猫青睐而为之大打出手的母猫，不见得是最美丽的，当然美丽与否纯粹是人类观点，动物有其选择的标准，加上天择因素的作用，所以我们看得到的各种生命都有其生存的优势。

自然就是美，代表的是全然接受与生俱来的特质，因为除了同卵双胞胎之外，每一生命都是世上独一无二的个体，每一生命的基因密码都是几亿万年的演化结果。此时此刻组合成每一独特的个体，只有当下的存在是再真实不过的，而佛家所说的“人身难得”不也呼应类似的看法吗？

自然就是美，代表的是珍视每一个生命，生物没有好坏之分，生物的存在与否也不是我们可以决定的事，大自然有其运行的方式，再渺小的生命也有其存在的意义。诞生是常理，死亡是常态，生老病死都是大自然的一部分，我们不应试图改变生命必行的轨迹，而是应该将每一天的存在发挥到极致，才不枉难得的人身吧！

熊猫的黑白装扮，有其特殊的生态意义。

成功赢得母猫青睐的公猫，长相不是绝对的选择。

Lesson 56

The 100 Essentials of Nature Lessons for Parents

冬天的课堂：大自然教我们的事

团结力量大

婆罗洲的黄猄蚁运用分工合作的方式，一边一群蚂蚁，奋力咬住树叶在树上筑巢。

冬天销声匿迹的蚂蚁大军，一到气温回暖的季节，马上大军压境，家里有些许的食物碎屑都逃不过它们灵敏的嗅觉，就连猫咪的饲料盆也难逃毒手，每天早上都忙着赶走一堆黑压压的蚂蚁兵团。

蚂蚁是高度社会化的昆虫，单一个体的蚂蚁看似弱不禁风，事实上它们已经在地球上生活了好几千万年，并且迅速扩散到地球的每一角落，堪称是我们人类的老前辈。以现有生物的总生物量来看，蚂蚁的总数量可说是天文数字，也是唯一能够与人类相抗衡的优势物种。

蚂蚁的优势王朝完全得益于群体的团结合作，每一蚂蚁个体的存在都是为了群体而生，它们高效率的群体战斗力，主要归因于强大的化学沟通能力，蚂蚁从身体分泌不同的化学物质，同巢的同伴嗅闻之后，根据释放的化学物质以及当时的环境条件，判断究竟是警告、前方有食物来源，还是应该要照顾幼蚁、种植真菌等，整个蚁巢在化学信号的控制下，分毫不差地运作着。蚂蚁和人类一样，两者能在生物圈取得优势地位，无非都是善用沟通信号的结果。

多数蚂蚁的社会都由具生殖力的蚁后、少数雄蚁以及最大多数无生殖力的工蚁组成，不同体型的工蚁各司其职，大型兵蚁负责防御，小型工蚁则要采集食物、照顾幼蚁、喂养蚁后。蚂蚁的成功来自于它们庞大的数量，每只蚂蚁为了蚁群分工合作，充分发挥“团结力量大”的真谛，让蚁群成为一个“超级有机体”。

蚂蚁大军看似渺小，却是维护地球生态系统的健康守护神，全世界超过90%的动物尸体被蚂蚁搬回巢里当成食物，大量的植物种子也被运回巢内，连带帮助了植物四处传播。此外，全世界蚂蚁累积搬动的土壤体积远远超过蚯蚓，这个庞大的搬运过程让大量土壤养分产生循环，于是造就了健康的土壤生态系统。

相较于小小蚂蚁对大自然生态系统的贡献，我们这些个头大大的人类岂不汗颜？

据统计，全世界超过90%的动物尸体被蚂蚁搬回巢里当成食物，其中也包括它们自己死伤的同伴。

Lesson

57

The 100 Essentials of Nature Lessons for Parents

冬天的课堂：
大自然教我们的事

精兵策略

中南美洲雨林中的草莓箭毒蛙会将孵化的蝌蚪背在背上，将它们移至凤梨科植物积水的叶柄内，并常回来排放未受精卵供蝌蚪食用，提高后代的存活率。

不同的生物有不同的生存策略，唯一的共同目标就是要让自己的种群世世代代繁衍，成功占有一席之地。于是有的生物采取卵海战术，以大量产生下一代的方式繁衍，同时亲代也无需照料，一样可以达到存活的目的。不过有另一类生物则采取精兵策略，繁殖的子代数量有限，但亲代投注大量精力照料，让子代可以成功存活。以我们人类而言，幼年期之长是所有生物之最，而一次分娩也以一个婴儿居多，成为整个地球最优势的生物物种，可以说是将精兵策略发挥到极致。

哺乳动物的状况大多与人类相似，像寿命极长的大象，不仅怀孕期长，出生后幼象的照料期也长，但对象群而言，幼象是非常重要的，因此会以整个象群之力一起抚育幼象，以提高幼象的存活几率，可说是动物界精兵策略的具体呈现。

美洲热带雨林里的箭毒蛙跟一般蛙类大不相同，大多数的蛙类只要挑选好产卵的地点，完成交配之后即行离去，蛙卵是否能够顺利孵化成蝌蚪，蝌蚪能否长成幼蛙，一切顺其自然，因为一般蛙卵的数量极多，所以下一代存活不成问题。但箭毒蛙独特的育幼行为，在20世纪80年代由德国生物学家发现，为了在竞争激烈的雨林中提高后代的存活率，有些箭毒蛙会将孵化的蝌蚪背在背上，然后将它们移至凤梨科植物积水的叶柄内，并经常回来照料蝌蚪，排放未受精的卵供蝌蚪食用。

另一极端的例子是鸟类的帝企鹅，它们生养下一代的条件极其严苛，堪称动物世界最佳奉献父母奖的典范。为了让小企鹅可以有一整年的成长时间，帝企鹅选择在南极的酷寒季节繁衍下一代。一片白茫茫的冰雪世界中，雌雄企鹅轮流用脚托着唯一的一颗蛋，并用下腹紧紧包覆着蛋，因为万一蛋不小心滚出脚外，就会马上变成一颗无法孵化的冰球。母企鹅与公企鹅在长达五个月的育雏期，轮流长途跋涉到海里进食，一来一回都要一两个月以上，而留守的只能耗用体内预存的脂肪，忍饥耐寒，一心一意等待小企鹅孵出。帝企鹅的特殊育雏行为，展现了地球生物坚韧无比的求生意志。

大象会集体抚育幼象，是动物界精兵策略的具体呈现。

一只帝企鹅的成长，需经过亲鸟漫长辛苦的呵护。（摄影 Christopher Michel）

Lesson 58

The 100 Essentials of Nature Lessons for Parents

冬天的课堂：大自然教我们的事

数大就是美

成群的黑翅长脚鹬十分壮观美丽。

诗人徐志摩的“数大就是美”成为大家耳熟能详的名句，每每旅途中看到成片的花海、森林或成群的鸟类、动物，总会不自觉地脱口而出，仿佛与诗人一起分享眼前的美景。

其实在生物的世界里“数大就是美”是永恒不变的真理，此外，背后还多了一些生存策略的实际考虑，只是以我们人类来看，当下唯一重要的是美的感受。例如每年春末的月圆后数天，许多种类的珊瑚同时把精卵排放在海水中，形成非常壮观的自然奇景。这种现象其实是珊瑚的生存策略，因为茫茫大海危机四伏，珊瑚采取集体生殖的“卵海战术”，排出数以万计的精卵，增加受精卵存活的几率，以确保种群的生生不息。

昆虫的生殖也多半如此，许多种类的雌虫一次产下由上百粒卵组成的卵块，孵化的幼虫群聚在一起，不论是取暖或遮风避雨都比较方便，同时还可相互合作一起觅食。

秋天河床上成片盛放的甜根子草，一片白茫茫的花海，十分壮观，这场大型的集体婚礼，风就是它们最好的媒人。

而春天的钟花樱桃花海，可忙坏了鸟儿和昆虫，但也让这些媒人吃得饱饱的，还可顺利地传宗接代。集中开花、结果，是植物散播下一代的利器，也连带造福了其他的动物。

每年秋冬来到台湾的候鸟多半数量十分庞大，它们在北方的原生地通常会先集结，等待适合长途跋涉的气候条件，出发时大多成群结对，一起迁徙还可相互警戒，以避免路途生变。就连平常独来独往的鹰类，迁徙时也会集结成大队鹰群，让秋季的赏鹰精彩极了。

世上最著名的动物大迁徙，每年6至10月持续在肯尼亚及坦桑尼亚之间的赛伦盖蒂大草原上演，数以百万计的牛羚、斑马为了饮水与食物，千里跋涉，年复一年，对它们而言是攸关生死的危险旅程，却成为最热门的生态旅游，因为整个地球只有这里才看得到如此大规模的动物迁徙。不过许多专家预言气候变暖将使非洲的旱灾日益严重，以后对动物大迁徙会造成什么影响，值得持续关注。

小小的堇菜一起开花，让森林底层铺上了一层淡紫。

山桐子结果时，一树鲜红果子也让人赞叹。

树皮螳螂把自己隐身在落叶堆里，很难发现它的踪迹。

冬天的课堂：大自然教我们的事

Lesson 59

The 100 Essentials of Nature Lessons for Parents

真真假假难分辨

雨林里的生物为了生存无所不用其极，它们最擅长的就是隐身术，宛如披了一件哈利·波特的隐形衣，转眼间消失无踪，不熟悉它们的伪装伎俩，很容易就精神衰弱，以为自己产生了幻觉。其实雨林就是一座活生生的魔法森林，到处都是会走的树枝、活动的枯叶、飞行的花朵，真真假假难分辨。

动物的伪装是以体型或体色来模仿周遭的环境，以避免被掠食者发现，其中最典型的代表就是竹节虫。酷似树枝的竹节虫，体色多半是绿色或褐色，在树枝间一动也不动或缓慢移动，根本很难被察觉。每次在家附近意外发现竹节虫总是在台风过后，大量树枝、树叶落满地，一片狼藉之中才会发现奄奄一息的竹节虫。

到雨林旅行，最有趣的部分就是试试自己的眼力，但大多时候都是被打败的，因为许多昆虫的伪装已是出神入化，没有修炼多年的功力是难以匹敌的。

例如许多伪装成树叶的螽斯，连树叶上的叶脉或破洞都有，除非它突然移动，否则根本别想找到它。雨林里的螳螂依然不改杀手本色，只是这里有一群花螳螂，为了在花丛间埋伏突击前来觅食的昆虫，它们变身成花朵的一部分，惟妙惟肖的程度令人叹为观止。这种变身伎俩让花螳螂只要守花待虫，猎物很容易就手到擒来。

有些昆虫的幼虫为了骗过掠食者的锐利双眼，还刻意伪装成非生物，例如凤蝶的幼虫刚孵化时，是湿黏黏的黑褐色，看起来就像是一小坨鸟粪，让小鸟根本没兴趣啄食它们。

真真假假难分辨，无非就是与掠食者玩一场捉迷藏游戏，只是代价很高，赌注是宝贵的生命。伪装让一些小昆虫逃过一劫，但也让守株待兔的变身掠食者机会大增，没有几斤几两是无法成功存活下来的。

花螳螂变身成花朵，惟妙惟肖的程度令人叹为观止。

竹节虫一直是伪装的高手，画面右侧的就是竹节虫。

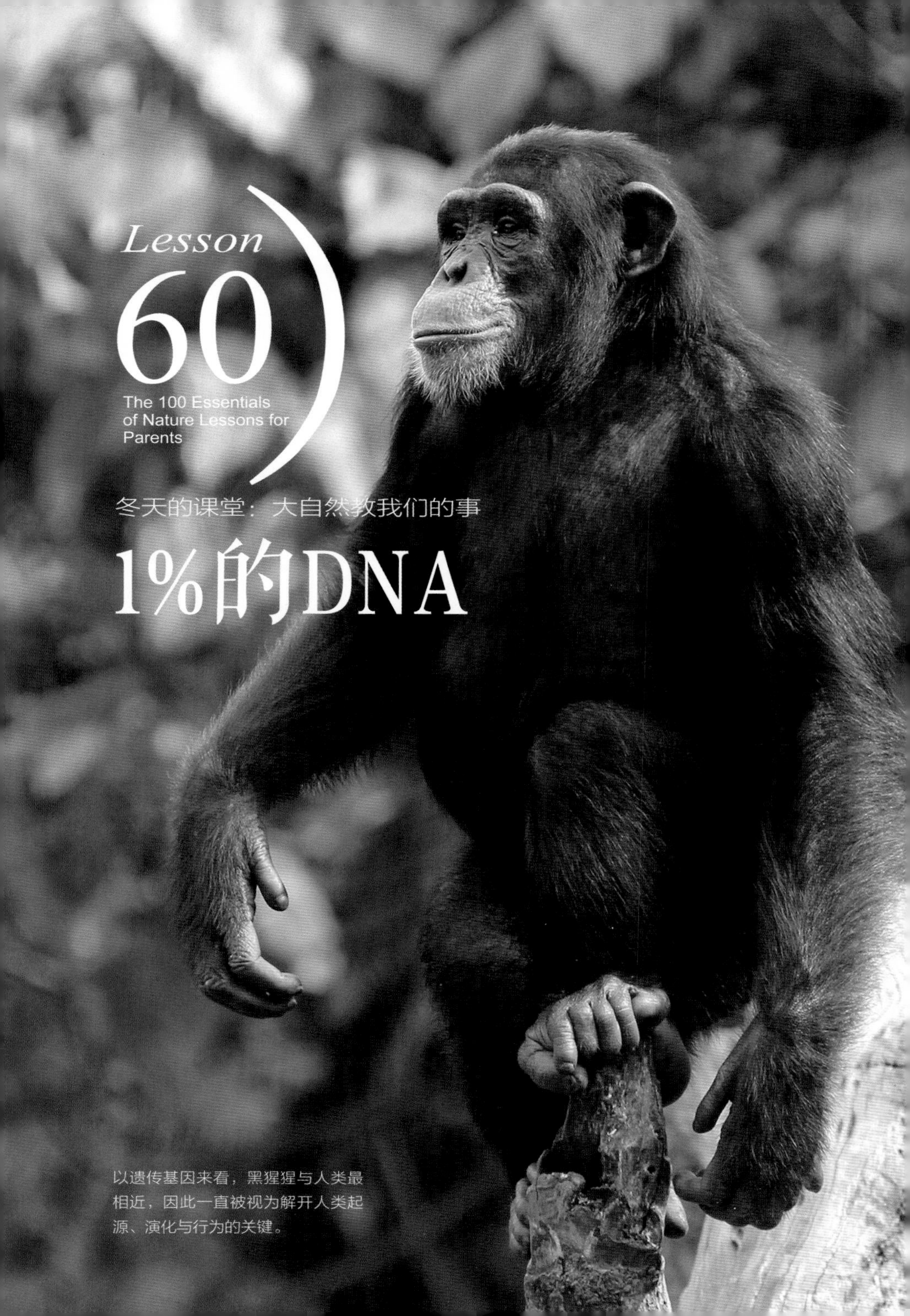

Lesson

60

The 100 Essentials of Nature Lessons for Parents

1%的DNA

以遗传基因来看，黑猩猩与人类最相近，因此一直被视为解开人类起源、演化与行为的关键。

“人”一向认为自己和其他动物的界限是无法跨越的，但这种想法已逐渐被许许多多的研究推翻。基因研究领域的长足进展，早已证实我们和黑猩猩拥有98%以上的共同基因，加上珍妮·古德尔博士的野外生态研究，都显示了我们与黑猩猩的密切关系。数百万年前的演化分岔点，让人类与最亲密的动物兄弟从此分道扬镳，我们成为地球上最优势的物种，黑猩猩却面临绝种危机。

类人猿（ape）与人类十分近似，种类主要包括了长臂猿（gibbon）、红毛猩猩（orangutan）、倭黑猩猩（bonobo）、黑猩猩（chimpanzee）和大猩猩（gorilla）等，这些类人猿因各自的生活环境大不相同，演化出许多特殊的适应方式。若以遗传基因来看，黑猩猩和倭黑猩猩与人类最相近，因此一直被视为解开人类起源、演化与行为的关键。

或许正因为黑猩猩与我们的微妙差距只有1%的DNA，宛如人类在动物世界里的镜像，看到黑猩猩总能激起人们的心理反应，于是小黑猩猩在宠物市场十分抢手，也是动物表演界里最热门的“商品”。加上它们的DNA和人类如此近似，一样可以感染肝炎、艾滋病等病毒，于是成为医学界“最理想的实验品”。

行为模式与人相近的小红毛猩猩也成为热门的宠物。

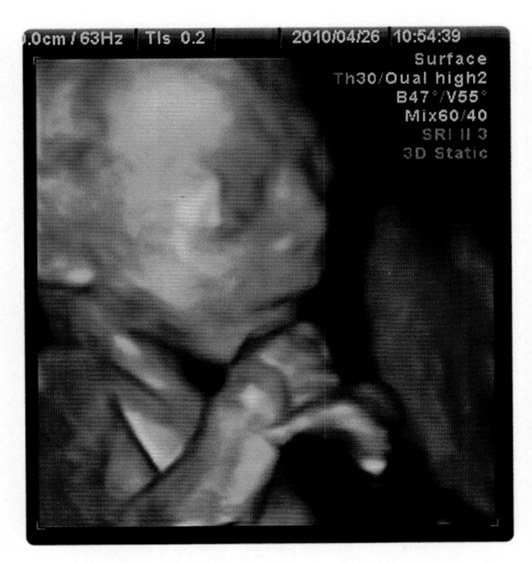

类人猿与人的基因相近，几乎只有1%的差距。（刘毅提供）

但我们真的可以这样对待我们的动物兄弟吗？只是因为这是一个人类说了才算数的世界，其他完全没有声音的芸芸众生就该任我们宰割吗？幸而通过许多人的努力，如今人类无法再将自己排除在整个生物界外，我们原本就是芸芸众生的一分子，为永续的生物圈贡献己力，将是人类无可回避的责任。

对人类学家而言，黑猩猩像是握有人类起源秘密的宝贵钥匙，可以一一解答人类当初为何开始直立，为何会发展语言，乃至于人性的种种侵略性行为谜团。因此要完善保留黑猩猩的栖息环境，以及维系健全的黑猩猩野生群落，让它们保有生存空间。

爸妈必修的
100堂自然课
Chapter 5

接触自然，
第一手体验自然之美，
关爱生命，对环境友善，
是无可取代的生命教育，
也是现代为人父母的重责大任。

亲子共享的
自然课

The 100 Essentials of Nature Lessons
for Parents

Lesson 61

The 100 Essentials of Nature Lessons for Parents

亲子共享的自然课

开启体验自然的感官

许多人对大自然都习惯性地视而不见，特别是生活于都市环境里，一整天待在有空调的屋里，出门开车或搭乘地铁，穿梭于庞大的地下连接道路，多少人连今天天空的颜色都不曾留意，更不用说闻一闻空气传来的气味，或是享受一下午后雷阵雨的雨声交响曲。

其实想要体验自然的美好，第一步就是要重新开启我们与生俱来的感官，好比计算机死机时重新按下电源键，只是这终究不像计算机开机那般简单，如果在重要的青少年成长阶段阻断了对外界的感官能力，以后想要重新拾回是难上加难。

小孩对于生活的世界具有极为敏锐的感觉，但成人总习惯不把他们当一回事，加上长久以来的升学竞争压力，大家关注的永远是把书念好，其余免谈。于是我们的孩子踏上一条不归路，汲汲营营于考上好学校，毕业后找到一份好职业，万一能力不足，在这场激烈战争中败北，往往成为脱离于社会的漂泊心灵。

其实这是多么可惜的事，大自然绝对不会只有一条路可走，多样的生命形态和各式各样的求生本领，让我们知道每一宝贵生命都有其存在的意义，为人父母不是应该帮助孩子寻寻觅觅，找到适合自己的路吗？而不是用单一标准框架要求孩子只能这样过一生。

我们的感官包括视觉、嗅觉、听觉、触觉与味觉，无一不是体验自然的最佳利器。世上美好的生命何其多，美丽的色彩、外形或长相都是视觉飨宴；空气中飘浮的花香，提醒您什么季节又到了；传入耳中的野鸟求偶歌曲或是夏季震耳欲聋的蝉鸣，是最好的自然音乐；抚触树干、叶片，甚而家里猫狗的毛发，皮肤传递的触觉会铭记在心，也是传达情感的自然方式；每一季的当令食材，好好品尝季节的真滋味，是生活莫大的享受。有了丰沛的感官，自然的美好将深植人心，没有一丝一毫的勉强。懂得时时刻刻体验自然，人生怎么可能不是一场丰富之旅？

太早接触科技产品，会让孩子封闭对自然的感官。

让孩子接触自然，是小孩身心成长的重要课题。

Lesson 62

The 100 Essentials of Nature Lessons for Parents

亲子共享的自然课

理解自然的符号

只要用心观察，你就能领略自然的符号，了解鸟类何时繁殖、植物何时开花，生命也充满喜悦。

如果要让小孩一直拥有天生的好奇心，大人应该陪伴孩子，与他一起重新发现世界的喜乐、惊奇与神秘。

我们常将大自然里的众生归类为“没有声音”的动物或植物，其实没有声音是因为它们无法以人类的语言方式表达，并不是真的完全没有声音，每一生物都以自己的方式互相沟通交流，差别只是复杂程度而已。因此教导孩子理解大自然的符号是很重要的，通过这些点滴接触，孩子眼里的自然将有崭新的风貌，理解了自然的符号，许多不必要的恐惧或误解也将不复存在。

美国著名的环保作家蕾切尔·卡逊曾写道：“如果要让小孩一直拥有天生的好奇心，那么，至少要有一个能够分享他好奇心的大人陪伴着，与他一起重新发现世界的喜乐、惊奇与神秘。”通过孩子的眼光，我们也可重新认识周遭的一切，享受每一难得的共处时光。

例如散步时听到各种不同的声音，不妨侧耳倾听，问问孩子的感受，如果刚好是自己认识的生物，也可多说一些相关的知识，让孩子理解虫鸣鸟叫的背后含义。像是春天的求偶季节，精彩的野鸟求偶歌曲是让人百听不厌的，从而延伸让孩子了解大自然生生不息的运作方式。

夏天晚上的蛙鸣交响曲可以增添夜晚探索的乐趣，此起彼落的不同蛙声，试着引导他们加以区别。秋天的叶片变色大会，不妨多花些时间，一起搜罗喜爱的落叶与落果。冬天万物萧条的季节，是欣赏树木姿态的最佳时机，还有不时发现鸟巢的小惊喜。

至于更为进阶的动物行为或语言，不妨从小孩都喜爱的昆虫着手，例如找找附近的蝴蝶寄主植物，看看是否已有蝴蝶产卵，一旦找到之后，定期回来观察，与孩子一起记录蝴蝶的生命历程。或是照顾独角仙的幼虫直到蜕变为成虫，配合相关书籍的阅读，也会营造出丰富无比的夏天。

夏夜的萤火虫，除了一起欣赏美丽的点点萤火，更是理解萤火虫光通信语言的最佳时机。而家里的猫狗是最好的动物大使，通过生活上的密切相处，孩子很容易理解它们的语言，也会自然流露情感，是成长阶段最好的动物伙伴。

Lesson

63

The 100 Essentials of Nature Lessons for Parents

亲子共享的自然课

接触生命

家里的猫狗是小孩成长阶段最好的朋友，通过照顾猫狗，不仅可以培养责任感，猫狗回馈给孩子的爱，可以让孩子学习表达情感，以后也会成为懂得付出的人。

人类是群体动物，生活在世上，少不了错综复杂的人际关系。除了人与人的密切接触之外，周遭无数生命同样值得认识与接触，它们是我们心灵的滋润，带给我们美的感受，让我们懂得尊重生命，善待小动物，并进而爱护我们赖以生存的环境。像是现代家庭少不了的室内绿色盆栽，或绿意盎然的阳台植物，乃至于办公室里的小盆栽，照顾它们，看着它们冒新芽、长新叶，是人人都可体验的喜悦，也是生活在水泥丛林里不可或缺的绿色伙伴。

家里的猫狗是小孩成长阶段最好的朋友，通过照顾猫狗，不仅可以培养责任感，猫狗回馈给孩子的爱，可以让孩子学习表达情感，以后也会成为懂得付出的人。这些都是接触生命的珍贵礼物，但许多父母都以空间太小、没有时间照顾等理由而让孩子错失接触生命的机会，实在可惜。有的甚而教导孩子莫名的恐惧，拒绝让孩子接触任何小动物，不是说它们会咬人，就是说它们很脏，会传染疾病。

近年来风靡一时的猫城猴硐，让没落已久的煤矿小城重新找回活力。为什么那么多人蜂拥而至？其实道理再简单不过，生活在这里的猫咪知道人们是和善的，所以完全不怕人，可以自然地与游客嬉戏或拍照。友善的环境，善待动物的人们，自然也有快乐的动物，于是吸引更多人到此一游，体验抚摸猫咪的愉悦，也成为台湾难得一见的特殊旅游，更吸引了来自香港或东南亚的游客。

接触生命并不限于照顾或喂养小动物，即使走在路上、穿越公园，打开五官，其实我们无时无刻不在接触生命。春天冒出新叶的行道树，嫩绿的色调让人心情也跟着明亮了起来；台湾拟啄木鸟响亮的求偶歌声，提醒我们夏天脚步近了；秋天河口的雁鸭是远来的娇客，丰饶的湿地是招待它们的盛宴；冬天的落叶树少了叶片的遮掩，清晰的面貌表露无遗。每一场生命的邂逅，都是惊喜，都是无可取代的体验。

Lesson

64

The 100 Essentials of Nature Lessons for Parents

亲子共享的自然课

一步一脚印

想要认识台湾的大自然，一定要勤于“出走”，走出家门口，一步一脚印，重新认识我们生长的土地。每一次出走不一定是长途旅行，有时家门外的公园、绿地就是很理想的选择，日积月累仔细观察周遭的生命，将不难发现家门外就有很好的自然课程。

以前曾经碰到过家长询问如何培养孩子对大自然的喜爱，他们也担心孩子整天黏着电脑不放。其实想要改变这一切，最重要的是整个家庭的生活重心要加以修正，不要看电视，电脑的使用时间也要加以限制，多出来的时间可以饭后外出散步，或是亲子一起阅读，讨论大家感兴趣的题材。不能光是要求孩子改变，成人更要改变，才能一起找回亲子共享的亲密时光。

很多人都觉得天天散步是很枯燥、没有变化的苦差事，其实一点都不然，散步时一定要打开自己的五官，眼观四面、耳听八方，感觉四周的变化，今天是否有风？风里有无任何讯息？是干燥还是湿润？有无花香或其他气息？听听四周的声响，有没有不曾听过的奇特声音？循声辨位，找找声音传出的位置。发现自己不曾看过的植物，也可触摸一下叶片的质感，记住它的特征，再回家查阅书籍。这样一步一脚印，还会枯燥无趣吗？

其实许多人是不得其门而入，长期封闭自己的感官，自然什么都感觉不到，什么都无趣。一旦了解如何使用感官来观察周遭的变化，每个人都会发觉乐趣无穷、乐此不疲。

我很珍惜我所居住的山上小区环境，带狗散步是我每天最快乐的时光，时时发现不同的动物出没，总会带给我莫大的惊喜。例如常见的鸠鸽类以珠颈斑鸠、绿鸠等居多，但这几年又多了山斑鸠，而且通常是成双成对的。山上的台湾猕猴家族日益庞大，走在步道的树林里很容易和它们不期而遇，充满好奇心的小猕猴可爱极了，但为首的公猴警戒心极强，只能远观而不可亵玩焉，不过还是有一些比较大胆的公猴会对狗狗做出威吓的动作，但我家不知天高地厚的狗狗根本不会害怕，还以为猕猴是邀请它们一起玩耍。每天都有不同的插曲发生，让散步变成最有趣的探索之旅，也让我对家门外的世界充满期待。

在草地上漫步的山斑鸠，是十分容易观察的对象。

开启感官，听听声音、闻闻味道，自然充满乐趣。

亲子共享的自然课

至爱的寻觅

"Only if we understand can we care~
Only if we care will we help
Only if we help shall all be saved"
~ Dr. Jand Goodal ~

黑猩猩是珍·古道尔博士的生命至爱。

以前有位作家曾经形容每个人都是缺了一个角的圆，寻寻觅觅，只为找到生命的缺角，但有的太小，要不就是太大，过程中总是伤痕累累，只有寻到大小刚好的至爱，生命才会是一个圆满的圆。

其实至爱不只是狭隘地局限于人类的伴侣，生命最重要的缺角也可以是目标或是最想做的事。以举世闻名的珍·古道尔博士来说，她的生命至爱就是黑猩猩，就是自然保护工作，就是她极力推广的“根与芽”运动。

从许多相关著作中，我们可以知道珍·古道尔博士的寻觅过程一点都不简单，从英国来到非洲肯尼亚，利基博士提供她千载难逢的研究机会，若不是知她甚深的母亲一路相伴，她大概也无法完成梦想，进而影响世人关注黑猩猩的困境。

以《希腊狂想曲》闻名于世的英国作家达雷尔，他的梦想始于童年时的小小火柴盒，搜罗昆虫的热情转化为拯救濒临绝种动物的泽西动物园，他以他的笔影响了无数的读者，让许多没有声音、没有投票权的动植物终于被人们看见。如今达雷尔虽已过世，但泽西动物园依旧默默扮演推广自然保护观念的角色，继续影响许多人以及他们的下一代。

著名的生态学家威尔逊，终其一生研究蚂蚁，对蚂蚁的热爱让他与研究同伴成功地揭露不为人知的社会性昆虫的生活真貌。近年来更关注于热带雨林的危机，提出生物多样性的观念来作为自然保护的重要基石，从而赢得了“生物多样性之父”的美誉。

我们每个人都可寻觅至爱，目标也可大可小，因为重要的是寻觅的过程，以及内心的自觉，一旦找到至爱的目标，力量自然就会出现，因为唯有完成至爱的追寻，短暂的生命才有意义。

出版自然书籍是我的至爱，通过书本做桥梁，让更多人听见自然的声音。过程之中有幸认识了许多作者，每一位都有他（她）至爱的目标，无论是写作、摄影或插画，或是虫鱼鸟兽等不同的题材，每一本书的出版都是努力的痕迹，努力将我们的至爱传播出去，才能影响更多的人看见自然、关爱自然。

戴昌凤教授致力于至爱的海洋与珊瑚礁研究。

朱耀沂教授著有许多昆虫书籍，为他最爱的虫子发声。

Lesson

66

The 100 Essentials of Nature Lessons for Parents

亲子共享的自然课

不同的旅程

对于大多数人而言，每天走一样的路、坐一样的车、看一样的风景，日复一日，年复一年。平常生活没什么不好，但偶尔也可以走条岔路，或是向右转、向左转，说不定就在下一个转弯角落看到不一样的风景。

从小受教育的过程中，父母总希望孩子选择的是一条最安全的路，成绩优异，考上好学校，大学科系的填写也以未来职业为蓝图，所以台湾热门的科系永远与热门行业同步。但真的只能这样吗？受教育的目的只是为了日后的就业吗？

西方国家的父母与东方差距极大，或许也可作为参考。西方的大学教育十分昂贵，并不是每一家庭都能负担，在上大学前，许多即将成年的高中毕业生会选择一边打工、一边旅游，出走是为了磨炼自己、寻觅目标，等到确认自己想要念的科系才会开始申请大学，但也有很多年轻人找到其他目标，开始工作或是学习一技之长，一样可以一展长才。

大自然原本就是多样的，没有任何生物会受限于单一的生存方式，生命总会找到自己的出路。我认识多年的植物插画家林丽琪小姐，原本过着单纯的家庭主妇生活，偶然机会下开始学习绘画，于是内心的热情被点燃了，每天最快乐的时光就是带着狗狗莉莉上山画图，她把生活周遭的植物、小动物一一用画笔记录下来，完成了最美丽的生活日记。

还有原本念大气科学的林维明先生，因为始终无法忘情对植物的热爱，多年自行摸索相关知识并勤于野外赏兰，如今已俨然成为台湾野生兰的专家，并持续参与野生兰的知识推广与保护工作。

我的工作让我有机会接触许多充满热情、忠于自我追寻的特殊作者群，他们不见得拥有高知名度，或是家财万贯，但他们最大的特点就是走出跟别人不一样的路，旅程不同，看到的人生风景自然也大不相同。何妨聆听一下内心真正的声音，坚持走自己的路。

林丽琪用画笔一笔一笔记录她身边的美丽大自然。

林维明一直在为野生兰的知识推广与保护工作而努力。

热爱鸟类观察的吴尊贤对鸟类的了解巨细靡遗。

Lesson

67

The 100 Essentials of Nature Lessons for Parents

亲子共享的自然课

知识宝库

大自然是知识的宝库，各式各样的生态环境，变化多端的生命形态，以我们短暂的一生，恐怕终其一生也只能学习到皮毛罢了。但几千年、几百年的知识累积，从古文明到博物学蓬勃发展的年代，无不记录了人类了解自然的轨迹，一点一滴弥足珍贵，而未来大自然的知识更可能成为攸关地球生物圈存亡的关键所在。

世界著名的保护学者洛夫乔伊曾说："地球上生物的多样性，代表了惊人的智慧资源，是建立生命科学的基本图书馆。生物多样性的丧失，就如同焚烧全球唯一的一本书，是反智慧的行为。"大自然是活生生的图书馆，不仅给我们提供许多人类生存的必要知识，事实上我们根本无法脱离大自然而独活。

大自然里蕴藏了丰富无比的粮食种类与基因，还有更多的医药原料与可利用的生物资源等，像是近代医学的长足进步，如抗生素的问世、抗癌药物的研发，无不源自于大自然的知识与素材。

威尔逊在其著名的《生命的多样性》一书中写道："裹在全然的漆黑夜里，伸手不见五指，我不由自主地神游雨林间……树林里的生命不用想也是丰盛富饶的，丛林充满盎然的生命，已超乎人类所能了解的程度。"虽然人类已经可以登陆月球，探索外层空间，但对于我们的地球家园还有太多不解之谜，小如针尖的一小撮泥土里，可能就有上千种细菌，但大多数是我们不认识的种类。

大自然是我们的生命宝库，也是最珍贵的知识百科全书，丧失任一生态系统以及生活其间的生物物种，都将是全人类无可弥补的损失，就像是还来不及阅读，百科全书的内页却已一一脱页损毁了。

Lesson
68
The 100 Essentials of Nature Lessons for Parents
亲子共享的自然课
自然行脚

想要体验自然之美，唯一的途径就是走入自然，第一手接触，无论是树木、野花、野鸟、昆虫或是海边、湿地、森林，都会带给人们难得的心灵悸动以及美感经验，自然旅程是无可取代的，也不是观赏电视纪录片可以替代的。

近年来台湾的保护团体日趋成熟，不论是赏鸟、赏蝶、赏蛙、赏虫或赏树，都有专业解说员现场导览的活动，让更多家庭的成员可以一起在假日接触自然，享受自然的美好。如果行有余力，也可参加国外的生态旅游，如非洲的动物大迁徙、婆罗洲的热带雨林、尼泊尔的赏鸟行、印度的生态旅行等，都是十分特殊的自然旅程，加上当地的自然生态丰富，可以饱览许多难得一见的动植物，是目前方兴未艾的新旅游方式。

2007年8月为了庆祝父亲八十大寿，将一家老小共计16人全部带到婆罗洲的丹浓谷保护区，虽然行程不时遭到蚂蟥侵扰，但瑕不掩瑜，精彩的热带雨林生态让人目不暇接，特别是可以走在雨林树冠层上的树桥，壮观的树海尽收眼底，还不时听到长臂猿以及犀鸟的叫声，时至今日，全家人依然津津乐道，难以忘怀，而旅途的辛劳和疲累早已忘得一干二净。特别是家里的第三代最喜爱这样的生态旅游，每个人都拿着相机猛拍，就连吸血吸得饱饱的蚂蟥也吓不了他们，还戏称蚂蟥是他们的“歃血兄弟”。自然行脚的点点滴滴让人回味无穷，而亲身体验雨林之美，以及亲眼见证雨林砍伐的惨状，相信在每个人的心里都烙下不可磨灭的印象。

尼泊尔的奇旺保护区是我另一次难忘的旅行，旅途一样遥远而辛苦，但抵达之后宛如置身天堂，一点都不会想家。白天骑着大象到丛林里寻找老虎、犀牛的踪迹，或坐着独木舟赏鸟，也可穿越森林步道欣赏山鸟，晚上点油灯吃晚餐更是别具异国风味。林子里的小木屋简单而舒适，特别是半夜传来的滂沱雨声，打在茅草屋顶格外美妙，隔一天才发现根本不是雨声，而是夜里森林的水气凝结成水滴的滴落声，真是难以想象。

自然行脚亲身体验大自然的奇妙与美丽，每一次旅程都是最好的学习之旅，地球的丰盛生命面貌尽收眼底，怎能不心生感激？怎能不谦卑？

亲子共享的自然课

倾听自然的声音

斑腿树蛙

Polypedates braueri

泽蛙

Fejervarya limnocharis

Rana guentheri

沼蛙

春天清晨四五点，天色尚且昏暗，窗外却传来婉转清脆的求偶歌声，是谁如此心急，迫不及待赶在所有声音登场之前抢到头名？原来就是急性子的台湾紫啸鸫，一向粗犷的叫声，为了吸引雌鸟，竟成为清晨的天籁之声。站在屋檐角落高歌一曲的雄鸟，完全不曾察觉有人窃听，专注深情的歌声让人为之热泪盈眶。每年的春天，我都衷心期盼窗外再度传来台湾紫啸鸫的歌声。

每天清晨和黄昏，呼啸而过的成群暗绿绣眼鸟，快速的飞行总伴随着轻快节奏的口哨声，让人心情随之轻快不少。真想知道暗绿绣眼鸟窃窃私语些什么，是“钟花樱桃开了，赶快去吃花蜜了！”，还是“快！快！迟了一步就没了！”，每每看着它们回旋的身影，思绪也随之飞上天空。棕颈钩嘴鹛是另一群聒噪的野鸟，个性大胆，加上五官分明的长相，总让人无法不看见它们。特别是结满果实的树上一定找得到它们，一边大快朵颐，一边发出满意的“霍依——霍依”鸣声，它们的快乐是如此真实。

天气放晴的上午，蛇雕顺着热气流盘旋而上，一边发出“呼悠——呼悠——呼悠——”的鸣叫声，嘹亮的鸣声引人遐想，真想看看鹰眼里的世界，翱翔天际，往下俯瞰，一切都那么渺小，无怪乎猛禽总有种慑人的气魄。

夏天夜里的蛙类大合唱，热闹满盈，有种办桌喜庆的欢乐气氛，泽蛙合唱团“呱——呱——呱”的奏鸣曲，夹杂着棕背蛙“啾”的鸟叫声，还有斑腿树蛙的敲竹竿，以及突如其来沼蛙的狗吠声，这一场场高调的蛙蛙婚礼，不论是蛙类，或是旁观的人类，皆宾主尽欢。

偶尔晚上出外散步，一切寂静无声，好像少了什么，也难怪蕾切尔·卡逊会以《寂静的春天》（*Silent Spring*）作为书名，那样的世界是不正常的，也是不可能的，但如果我们继续轻忽环境危机，有一天可能就变成了鸟不语、蛙不鸣、虫不叫的可怕世界。仔细倾听来自大自然的声音，听得到大自然的心跳，每个人都可成为能够与虫鱼鸟兽沟通的杜立德医生。

紫啸鸫为了吸引雌鸟，求偶叫声像清晨的天籁之声。

暗绿绣眼鸟轻快节奏的叫声，让人心情随之愉悦。

Lesson

70

The 100 Essentials of Nature Lessons for Parents

亲子共享的自然课

完整的人

既已生为人，有几样基本需求是不可避免的，例如足够的食物、饮水、衣物以及遮风挡雨的房子，超过这些以外的需求是生活的享受或乐趣，一旦过度就成了奢侈。近年的气候异常让节能减碳成为主流，节制自律的简单生活是人类的共识。

以往为了经济增长，不断刺激消费，生产大量廉价商品，也制造了难以解决的垃圾问题。人类为此已付出庞大的代价，同时也对地球生态系统造成极大的危害，我们一定要改变，改变的每一小步都将影响以后每一代人类的生存。

除了我们的生活方式要改变，对于下一代的教育更要费心，因为以后的环境条件只会更加严苛。关注环境的变化，对环境友善，关爱生命，是每个“完整的人”的基本要求。

人的生命教育在于养成懂得付出与爱，而且爱护的对象不是狭隘地仅限于人类，天生万物都值得珍惜。人类最可贵的就是拥有同情心，所以看到日本地震海啸的大灾难，我们会感同身受，想要伸出援手帮助他们。对待人类的同情心如果加以延伸，我们也会不忍多少生物流离失所，只为砍伐雨林来栽种油棕或畜养牛只。

一个完整的人一定拥有敏锐的感受力，对于周遭的生命都会加以关爱，即使微小如虫蜉，也一样关心。对于环境议题的关注，生活上自然会选择低耗能的方式，从衣食住行一一实践。

人模拟其他生物幸运的地方是在于我们还有选择权，多少生态浩劫让生命转眼尽成灰烬，但它们何尝可以选择？在一切都还来得及之前，做出抉择，选择当一个完整的人，负起应负的重责大任，让每一块土地都是所有生命永续的家园。

走向户外，徜徉在大自然的怀抱里，感受生命的律动。

观察自然、了解自然才能进一步爱护自然。

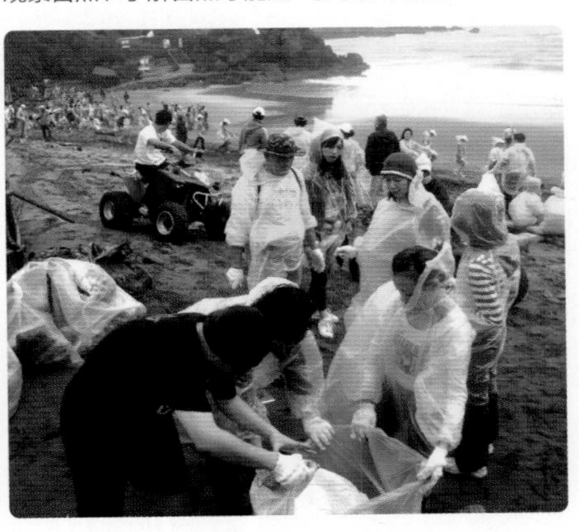

参与环境运动是对我们生活的环境负责任。

爸妈必修的
100堂自然课
Chapter 6

忙碌喧闹的菜市场，
满坑满谷的食材提供市民生活所需。
选择当令蔬果，用心饮食，
本地食材本地消费，
采买食物也能为环境保护尽一份心力。

上菜市场
学自然

The 100 Essentials of Nature Lessons

上菜市场学自然

Lesson 71

本地食材 本地消费

The 100 Essentials of Nature Lessons for Parents

“吃”是每天的大事，一天三餐，到底该吃些什么？怎样吃是既健康又对环境友善？可惜大多数人对于吃进肚子的食物根本不关心，不再注意食材来自何处，有时根本不知道自己在吃些什么。

世界贸易的发达以及经济的急速增长，让都市人“要什么有什么，不管在一年中的哪一天”，于是许多奇特的异国食材耗费大量能源，坐飞机或搭轮船，远渡重洋只为满足口腹之欲。为了让食材维持新鲜度，整个旅程全部低温或冷冻运输，能源耗损难以计数。即使处理的技术再发达，食材本身的营养成分一样会随着时间而衰退，于是耗费了大量能源长途跋涉运到我们的手上，吃下肚的却是营养不良的食物。这也是珍·古道尔博士等人提出“吃本地、吃当季，用饮食找回绿色地球”的价值核心所在。植物在不同的土壤、水质或气候等环境条件下生长，一定会有微妙的不同，吃自己居住环境附近生产的食材，新鲜采收的营养成分保留完整，当然对身体比较好，也不用耗用任何运输的能源，本地消费又可帮助当地的农民，何乐不为？

以前物资匮乏的年代，反而我们吃的都是当季本地的食物，如今大家生活改善，吃的食物却变得毫无滋味，更失去了本地特有的季节感。以台湾的先天优异条件而言，我们的农业技术发达，气候温暖，一年四季都有不同的丰富蔬果上市，如果大家都坚持“本地食材本地消费”的选择原则，即使WTO要求农产品全面开放市场，进口的蔬果也只能无功而返。

以现在的农业技术而言，全世界生产的食物理应可以将全地球的人类喂得饱饱的，联合国的世界粮农组织也评估当前的食物生产可以满足预计在2030年增至80亿的人口，事实却是每年依然有多达8亿的人口长期处于饥饿状态，整个产销的问题是严重失控而且值得检讨的。

“本地食材本地消费”的背后代表的是支持台湾本地的农民，保护本地的农作物，保存每一地区农作物的多样性，发展永续经营的农业，这些都是我们赖以生存的传家之宝。

面包果是花东地区市场里的独特食材。

现捕的新鲜鲯鳅在花莲的鱼市场现地贩卖。

Lesson

72

The 100 Essentials of Nature Lessons for Parents

上菜市场学自然

带环保袋上市场

使用塑料袋似乎已经成了习惯，无法停止使用。

由于石化工业的发达，生产了大量的廉价塑料产品，于是上菜市场不必像以前的婆婆妈妈们总是提着自己的菜篮，菜贩或肉贩早已习惯用塑料袋装食材，如果不够还会多送客人几个。一趟菜买下来，每个人至少都耗用数十个塑料袋，换算下来，一年光是买菜，一个人就会用掉数量惊人的塑料袋。也难怪台湾的垃圾山满是塑料袋，掩埋再久也还是塑料袋。

记得小时候帮妈妈买猪肉，肉贩包猪肉用的是姑婆芋的叶片，绑上咸草，就可以一路拎回家。这些包装素材都是天然的，根本不会制造垃圾问题。买酱油或油，家家户户都要自备玻璃瓶到杂货店，以称斤两的方式购买。玻璃瓶在当时是昂贵而稀少的，绝对不会任意丢弃。以前的环保生活方式，在生活获得改善后竟然消失得无影无踪，真不知究竟是进步还是退步?

为了减少塑料袋的使用量，每个人可以做的就是带环保袋上菜市场，现在家家户户都有许多制作精美的环保袋，既耐用又可洗涤，即使不慎弄脏了也无妨。

除了环保袋之外，最好也能带保鲜盒来装肉或鱼等有汁液的食材，蔬菜和水果则可直接放入环保袋内，不需再装入透明的塑料袋，否则还是一样会耗用塑料袋。

云南用稻草包裹贩卖的鸡蛋，可以瞧见环保的智慧。

改变生活习惯绝非易事，毕竟我们都是习惯性的动物，常常习惯性地遗忘，忘记带环保袋好像比记得带环保袋容易多了。不过记得常常提醒自己，日积月累，慢慢就会改变，改变之后也会发现没什么不方便，习惯就好了。许多人可能会认为光是我改变有什么用，世界上还有那么多人使用塑料袋，但是每一个改变都是从一个人开始的，没有第一步还奢求什么改变？我们每个人能做的就是从自己做起，即使一个人只能减少几个塑料袋，但若乘上千万人的话，数字是十分惊人的。

自备环保袋和保鲜盒上菜市场，是改变的第一步。

一年光是买菜，一个人就会用掉数量惊人的塑料袋。

Lesson

73

The 100 Essentials of Nature Lessons for Parents

上菜市场学自然

应时的食物

凉拌绿竹笋是夏天的美味食物。

琳琅满目的食材摆满菜摊上，到底该如何挑选所谓的“应时的食物”？其实最简单的就是看产量和价钱，一般而言，当季的食材会集中上市，因此一定价廉物美。加上传统市场多有自种自销的农民，常与他们聊天，也会增加这方面的常识。

从小就很爱陪妈妈上菜市场，妈妈对食材的质量有天生的敏锐，几乎她挑选出来的菜、果或鱼、肉，一定是菜市场里质量最优异的，而且也一定是本地的。我很喜欢在旁边帮忙拎菜，最爱看的是卖鱼的摊子，每一季都有不同的鱼种，各式各样的长相，让人目不暇接。时至今日，妈妈依然爱上传统市场买菜，周末的菜市场也成为母女必游之地。

应时的当地食材一定是新鲜采收，滋味自然大不相同。台湾四季都有不同的应时蔬果，以选择性而言，我们确实是非常幸运的。像一般温带地区在冬天几乎没什么蔬果种类可以选择，台湾冬天却盛产各种十字花科的蔬菜，如卷心菜、大白菜、萝卜等，还有各种叶菜可供选择，如茼蒿、青江菜、芥菜、小白菜等，都是既便宜又好吃。

夏天是瓜果的盛产季节，丝瓜、葫芦、小黄瓜、冬瓜等都是食欲不振的炎热季节最好的选择。此外，空心菜、川七、木耳菜、秋葵、苋菜、龙须菜、菜豆、四季豆、青椒、茄子等，都是族繁不及备载的夏季蔬菜首选。

而整年都有不同种类上市的笋类，更是台湾得天独厚的食材，从4月份开始上市的桂竹笋揭开序幕，到5、6月份延续整个夏季的绿竹笋，以及冬季才上市的冬笋，还有硕大鲜美的麻竹笋等，无不都是季节的美味。

应时的食物才能建立恒久的味觉记忆，也是土地与人不可分割的依存关系。不要小看每一口我们吃进去的食物，因为它将决定我们生活环境的样貌。

莲雾也是台湾季节性的好吃水果。

见到小管上市，就知道逐渐进入夏天了。

依照季节，都有各种新鲜的应季蔬果轮流上市。

Lesson

74

The 100 Essentials of Nature Lessons for Parents

上菜市场学自然

海洋牧场

军曹鱼是澎湖箱网养殖的重要经济鱼种。

台湾四面环海，海岸线长达1600多公里，西海岸面向台湾海峡，春夏季有北向的黑潮支流，秋冬则有南向的沿岸流。东海岸面向西太平洋，有黑潮主流经过。以这样的海洋环境，我们的近海渔获或沿岸渔业应足以提供食物所需，但事实上台湾大概有七成以上的渔获是来自远洋渔业。

为了应对渔船过多以及渔业资源日益匮乏的问题，近年来管理部门引进日本相当成熟的“海洋牧场”技术，以人为放流大量的鱼、虾、贝类等种苗，来改善海域的环境，使其在大海中自然成长，以增加海洋的生物量，同时做适当且合理的渔获采收，以确保永续维持海洋的资源量，最终目标当然是要解决海洋资源匮乏的问题，并持续提供丰富的渔获。

此外，澎湖发展的箱网养殖产业结合观光成为另一形式的“海洋牧场”，也颇具成效，不仅带动当地的观光，也有丰富的渔获提供台湾的水产品市场。澎湖的海上箱网养殖技术是引进自日本，采用小型箱网的高密度养殖，饲料以杂鱼为主，目前养殖鱼种以军曹鱼、红甘和嘉腊鱼为主。

箱网养殖是用网架、网、锚缆固定在海上，组成一个圆柱形或立体造型的立体空间，以PE管或塑料做成浮筒、浮球或浮箱，底下设网，并定置在海上，鱼类养殖于网内，网的孔目大小因鱼的种类不同而有变化。

箱网养殖直接利用现成的海洋空间，不必像传统的鱼塭在陆地上挖掘鱼池，再引进海水或抽取地下水，因此不会造成土壤盐化或地层下陷的问题。

军曹鱼为多脂高蛋白的鱼类，是澎湖海上箱网养殖的主要鱼种。军曹鱼又名海仔或海鲡，是生长在温、热带表层海域的海水鱼，最大体型可达1.5米，重50公斤以上。军曹鱼成长快速，养殖一年即可达8公斤，肉质与口感极佳，现已成为澎湖的代表渔获。

除了提供军曹鱼等渔获之外，澎湖的海洋牧场也成为大众喜爱的观光休闲去处，渔船载客来到箱网养殖的定置处，让游客亲自体验钓鱼的乐趣，是近年来最受欢迎的海洋活动之一。

Lesson

75

The 100 Essentials of Nature Lessons for Parents

上菜市场学自然

乌鲻鱼与乌鱼子

乌鲻鱼是鲻科的鱼类，每年冬天寒流来袭之前，会往水温较高的海域游动，同时也进行求偶。

乌鲻鱼（又称乌鱼或鲻鱼）分布于全世界的温带与热带海域，每年冬天会洄游至台湾附近海域产卵，农历冬至前后一个月的时间，是一年一度为渔民带来“乌金”的重要季节，而母乌鲻鱼身上的卵巢更是珍品“乌鱼子”，让台湾很早就发展出生产乌鱼子的相关产业。

乌鲻鱼是鲻科的鱼类，每年冬天寒流来袭之前，会往水温约20摄氏度左右的海域游动，同时也进行求偶，不过公鱼的求偶竞争激烈，因为公母鱼的数量比例约为十比一，激烈的求偶过程常使乌鲻鱼伤痕累累。乌鲻鱼大批出现于台湾海域附近，会分两三批向南洄游，通常向南游的乌鲻鱼都尚未产卵，是渔民最期待的“正头乌”。每一只乌鲻鱼都脂肪充盈、肌体丰肥，不仅仅乌鱼子丰美，就连公乌鲻鱼的乌白（精巢）或是乌鲻鱼的胃囊，都是冬季美食。

台湾冬天盛行东北季风，季风雨通常下在新竹以北，台中以南的地区白天艳阳高照，空气干燥，加上晚上的低温，形成制作乌鱼子的绝佳天然条件。不过现在市面上看得到的乌鱼子，除了高价的野生乌鱼子外，大多是养殖的产品，来自祖国大陆、巴西或美国等不同地区。

不过近年的全球变暖让海水温度上升，我国大陆沿岸的冷海水变得较为偏北，因此乌鱼不再游到台中以南，南部的渔民只能往北到台中以北的海域等待乌鱼的到来。此外大陆沿岸的渔民也加入捞捕乌鱼的行列，让台湾沿海的乌鲻鱼及乌鱼子产量大幅衰退。

乌鲻鱼的丰收是渔民冬季的重要收入之一，但大自然的变化终究是难以预料的，以往每年冬天必定报到的乌鲻鱼，由于信守约定，所以又被称为“信鱼”。但是现在的海洋环境已经改变，正考验着我们与乌鲻鱼的约定能否持续，以重新找回属于台湾的乌金岁月。

一片片黄褐色乌鱼子是台湾的高档食材。

上菜市场学自然

珊瑚礁鱼类

台湾人爱吃海鲜，不仅街上海产餐厅林立，就连菜市场里的鱼摊也琳琅满目，鱼种之丰富让人目不暇接，但很少人想到吃海鲜也有环保与生态责任。一向多产的海洋也远不能满足人类口腹之欲的黑洞，永无止境的渔捞以及日益进步的渔业技术，将大海里的鱼类大小通吃。于是能够存活至繁衍下一代的成熟鱼类大幅减少，渔获自然也日益减少。

除了远洋渔业的渔获之外，近海渔获是以洄游渔获和珊瑚礁鱼类为主。珊瑚礁鱼类又称为海水热带鱼，台湾附近海域约有两千余种的珊瑚礁鱼类，其中以台湾南部垦丁、绿岛和兰屿海域为鱼种最丰富的海域，数量最多的包括隆头鱼科、雀鲷科及蝶鱼科的种类。珊瑚礁是鱼类生命的摇篮，许多鱼种在此产卵，幼鱼在珊瑚礁的庇护下成长，才能补充源源不绝的鱼类。

珊瑚礁鱼类的体态变化万千，色彩鲜艳夺目，珊瑚礁鱼类是珊瑚礁里的娇客，为珊瑚礁生态系统增添许多动态之美。大多数的热带鱼类具有独特的体色或图案，有些鱼种的体色或图案会随着成长而变化，不同性别之间可能有很大的差异。这些珊瑚礁鱼类小时候是一个模样，成长过程中会换上不同的外衣，性成熟时又会换上别致鲜艳的彩衣。

有些珊瑚礁鱼种可以随着环境的改变而变化体色，例如中国管口鱼在受到惊吓时，会迅速变换体色；石狗公（白斑菖鲉）和比目鱼会随着栖息环境的不同而改变体色，用来隐蔽形体，具有保护的功用，也便于捕食其他小鱼。另外，有些珊瑚礁鱼类的色彩非常鲜明而突出，可能具有警告的作用。

珊瑚礁礁石表面的大型海藻和丝状藻提供草食性鱼类充裕的食物，如鹦哥鱼、隆头鱼、刺尾鲷等，这些草食性鱼类每天吃下大量藻类，避免海藻过度生长、覆盖珊瑚，也有助于维持珊瑚礁的健康状态。

一般珊瑚礁鱼类多以鱼钩钓取或潜水捕捉，正常状况下不致危害珊瑚礁生态，但也有人以炸药或毒药为之，导致整个珊瑚礁生态的瓦解，是杀鸡取卵的不智行为。幸而台湾已少有类似状况发生，如今比较严重的反而是观光游憩对珊瑚礁造成的破坏，以及珊瑚礁渔获的大量需求。

根据调查，光是垦丁的海产店每年就吃掉3万公斤珊瑚礁鱼类，以前乏人问津的鹦哥鱼，如今渔获一少，反而大受欢迎。除此之外，兰屿与绿岛的珊瑚礁鱼类也面临类似危机。自然资源如果不善加管理的话，一样会有匮乏的一天。

珊瑚礁鱼类面临过度渔捞的压力。减少食用珊瑚礁鱼类，才能确保其不致灭绝。

Lesson

77

The 100 Essentials of Nature Lessons for Parents

上菜市场学自然

苏眉与石斑

苏眉鱼是隆头鱼科的鱼类，也是世界最大型的珊瑚礁鱼类，栖息于珊瑚礁底层，最长可达2米以上。（底图摄影／吴立新）

美丽的珊瑚礁鱼类，除了面临海水变暖导致珊瑚礁大量死亡的危机之外，还有因市场需求而大量捕捞的压力，导致成鱼日益稀少，严重影响珊瑚礁的生态。其中尤以华人的需求最为惊人，包括祖国大陆、香港与台湾等，嗜吃珊瑚礁鱼类已使海洋生态亮起红灯，其中苏眉和石斑便是最具代表性的鱼种。

苏眉鱼（Humphead Wrasse，*Cheilinus undulatus*，波纹唇鱼）是隆头鱼科的鱼类，也是世界最大型的珊瑚礁鱼类，栖息于珊瑚礁底层，最长可达2米以上，成年后全身呈现漂亮的金属蓝色，并有突出的嘴唇和隆起的头部，一般寿命可超过30岁。主要产于婆罗洲北端、帕劳与斐济附近的海域，是帕劳的国宝鱼，潜水喂食苏眉鱼是帕劳旅游的热门活动之一。

苏眉鱼过去一直都是东南亚的重要经济鱼种，由于过度捕捞与珊瑚礁栖地遭受破坏，苏眉鱼已濒临灭绝的危机，目前世界自然保护联盟的红色名录将其列为濒危物种，2004年年底也列入《华盛顿公约》附录二的保护物种。

美味的苏眉鱼是华人饕客口耳相传的海产珍馐，也是目前市面上最昂贵的珊瑚礁鱼类之一，正因为数量稀少，价格越飙越高，于是猎捕压力越大，饕客也越趋之若鹜。大多数的研究结果显示，苏眉鱼的种群数量正因渔获的活跃交易而逐渐减少，锐减的比例一度高达90%。

很多苏眉幼鱼根本还没有达到繁殖年龄即已遭到捕获，造成能够繁殖的成鱼越来越少，而不当的捕捞方式不只威胁苏眉鱼的生存，也危害到脆弱的珊瑚礁生态系统。为了保护苏眉鱼，并让原产地的存活数量有机会恢复，我们有责任拒吃这种保护鱼类，并应广为宣传，让更多人知道苏眉的现况。

野生石斑的现况也与苏眉类似，它们同样属于成长缓慢的大型珊瑚礁鱼类，野生数量已大幅减少。石斑鱼在台湾为高经济价值的鱼类，不过幸而中国台湾的养殖技术已有20余年的发展历史，可以大幅降低捕捞的压力。目前市场上所见的石斑鱼几乎都是人工养殖的，年产值高达二十多亿新台币，全世界的占有率高达四成以上。以养殖取代捕捞，可以留给野生石斑一丝喘息的空间。

石斑鱼也是大型鱼类，是老饕口中的珍馐。

台湾的养殖石斑鱼技术已有20余年的发展历史。

鲍鱼与九孔

九孔鲍

皱纹盘鲍

鲍鱼

鲍鱼是海洋里的软体动物，属于单壳的贝类，喜欢生活在海水清澈、水流湍急、海藻丛生的海底多岩石处，以摄食海藻和浮游生物为生。

华人爱吃海鲜，海洋生物在大家的眼里只有两种分类，即可吃与不可吃，可吃的海洋生物都是食物，但是市场的热烈需求确实已危及许多海洋生物的生存，现在提倡的“永续海鲜运动”是希望在需求与生存之间找到可行的方式，海鲜不是不能吃，但应该加以选择，以常见的取代稀有的，以养殖的取代野生的，以小型的取代大型的，以洄游渔获取代珊瑚礁渔获，相关的数据在“海洋生物博物馆”的网页以及其他保护团体都查得到。

以鲍鱼为例，鲍鱼一直是传统的名贵食材，宴客的菜单上几乎都少不了鲍鱼的料理，否则就不够隆重。但多年的滥捕与缺乏法令的约束，已使野生鲍鱼的产量日益稀少，以往质量最优的墨西哥车轮牌罐头鲍如今已是一罐难求，不仅价格飙涨，山寨版的罐头也多到不可胜数。还有原本数量丰富的南非网鲍，因为华人市场需求强大，多年的非法捕捞和贸易已使南非网鲍面临生存危机，迫使南非政府不得不全面禁捕南非网鲍，只不过走私依然猖獗。

鲍鱼是海洋里的软体动物，属于单壳的贝类，喜欢生活在海水清澈、水流湍急、海藻丛生的海底多岩石处，以摄食海藻和浮游生物为生，分布遍及太平洋、大西洋和印度洋等大海，分布于冷凉海域的鲍鱼体型较大，热带海域的则体型较小。鲍鱼的壳坚硬厚实，形状既扁且宽，有点像人的耳朵，所以又称为“海耳”。壳的背侧有一排突起的孔，通常有4至5个，海水就从这里流进排出，是呼吸、排泄和生殖的重要构造。鲍鱼的外壳表面粗糙，呈深绿褐色，有黑褐色斑块，但壳的内侧则呈现紫、绿、红、蓝、白等鲜艳色泽。

鲍鱼以肉足吸附于岩石上，白天经常一动也不动，但夜晚觅食或活动时会在礁棚或洞穴间爬行，每分钟约可行进2至3米，平均一个晚上会移动3公里左右。由于肉足的吸着力惊人，想要采捕野生的鲍鱼非常不容易，必须趁其不备迅速用铲子铲起或将其掀翻，否则即使砸碎鲍鱼的壳，也不可能将鲍鱼从岩石处取下，因此野生鲍鱼的价格一直居高不下。

现在许多国家和地区都在发展鲍鱼的人工养殖，如日本、韩国、澳大利亚、南非及我国大陆等，着眼点即是庞大的市场需求。台湾养殖的九孔也是鲍鱼的一种，又称为“台湾鲍”，属于体型较小的种类，壳上的排水孔有6至9个，比鲍鱼略多。九孔养殖在台湾已有30余年的历史，多集中于东北部、东部及离岛澎湖一带，但近十年来不断发生幼贝不着床以及病毒感染等严重问题，产量锐减，现在已经很难吃到九孔料理 。

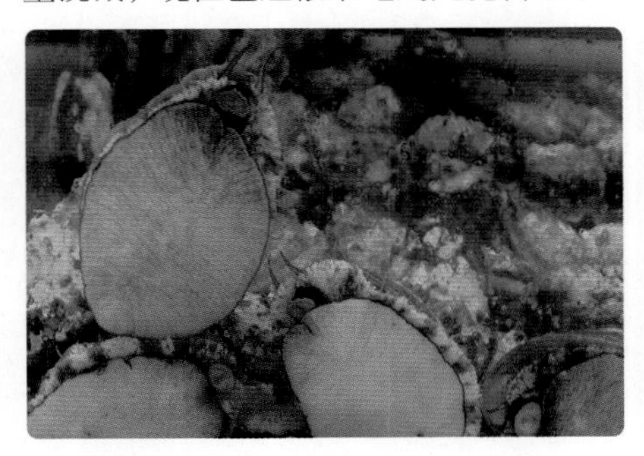

鲍鱼肉足的吸着力惊人，让它们可以抵挡海浪。

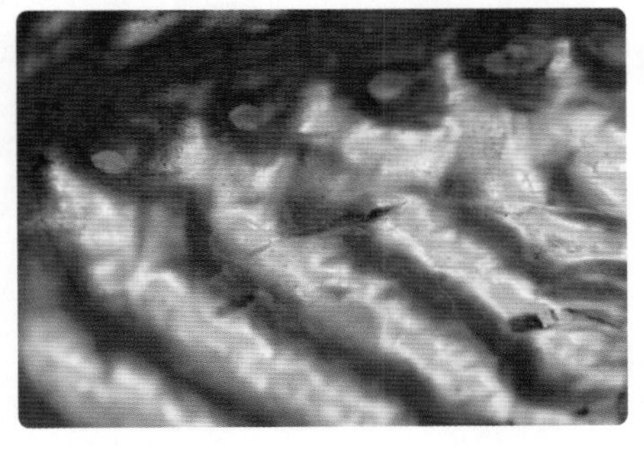

鲍鱼壳的内侧呈现紫、绿、红、蓝、白等鲜艳色泽。

Lesson
79
The 100 Essentials
of Nature Lessons for
Parents
上菜市场学自然
龙虾与
螃蟹

龙虾和螃蟹同属甲壳类动物，也是台湾人喜爱的高级海鲜，大多数人都认得它们的长相，但对于它们的生活真貌知之甚少。

龙虾的外形美丽，拥有两条带有棘刺的长触角以及五对粗壮的步足，外观神似传说中的龙，因此才称之为“龙虾”。台湾北部、东北部和东部沿海的岩礁区，龙虾的产量较多，但市场的需求远超过野生龙虾的产量，因此进口龙虾十分普遍。分布于印度洋、太平洋海域的龙虾属种类，在台湾的鱼市场或海鲜餐厅几乎都看得到，如中国龙虾、锦绣龙虾、波纹龙虾、密毛龙虾、长足龙虾、杂色龙虾、日本龙虾、黄斑龙虾等，大多生活于50米以内的浅海珊瑚礁。

龙虾是群栖性的夜行性动物，白天多半藏匿于岩礁间，只有两条长触角伸出岩石外摆动，并且发出声音，不过发声的意义还不十分清楚，可能是群体间的通信或是警戒之用。到了晚上6点以后，龙虾开始成群结队，集体觅食，也会沿着岩礁边缘或平坦的海底，一只接着一只排成一纵队移动，景象十分有趣。

龙虾属于肉食性动物，以贝类、小型虾蟹、海胆、藤壶等为食，有时也吃藻类，甚至饥不择食也会同类相残。龙虾的天敌除了人类之外，它们最怕的是章鱼，因为柔软的章鱼在岩礁间活动自如，可以轻易捕获藏匿其间的龙虾。

龙虾的生长十分缓慢，刚孵出的幼体浮游于外海，约需6个月才长成稍似龙虾的透明幼苗，幼苗再经1至2次的蜕壳才成为有颜色的小龙虾，然后移至近海的海底展开底栖生活。一般大概两年后才会成熟，通常小龙虾约15至30天蜕壳一次，但大龙虾则2至4个月蜕壳一次。由此可知野生的龙虾不容易看到硕大的个体，因为通常都是属于“龙瑞”级的龙虾。

一般而言，龙虾的年龄可以依据体重来判断，龙虾每5年到7年约可增加0.5公斤的重量，但是海水的温度和食用的食物都会对龙虾的大小产生影响，仅从重量来判断龙虾的年龄并不完全准确。以世界纪录来看，捕获的最大型龙虾是1974年在美国鳕角外海捕获的“大乔治”，重达16.78公斤，说它是“龙瑞”级的龙虾应是实至名归。

相较之下，螃蟹的种类就更多了，每一种螃蟹都有其独到的生存之道。许多螃蟹都是餐桌上常见的海鲜，幸而大多数螃蟹的数量依然十分惊人，人类的食用尚未对它们造成生存危机。

俗称“花市仔”的锈斑蟳。

Lesson 80

The 100 Essentials of Nature Lessons for Parents

上菜市场学自然

鱿鱼、锁管、软丝、乌贼

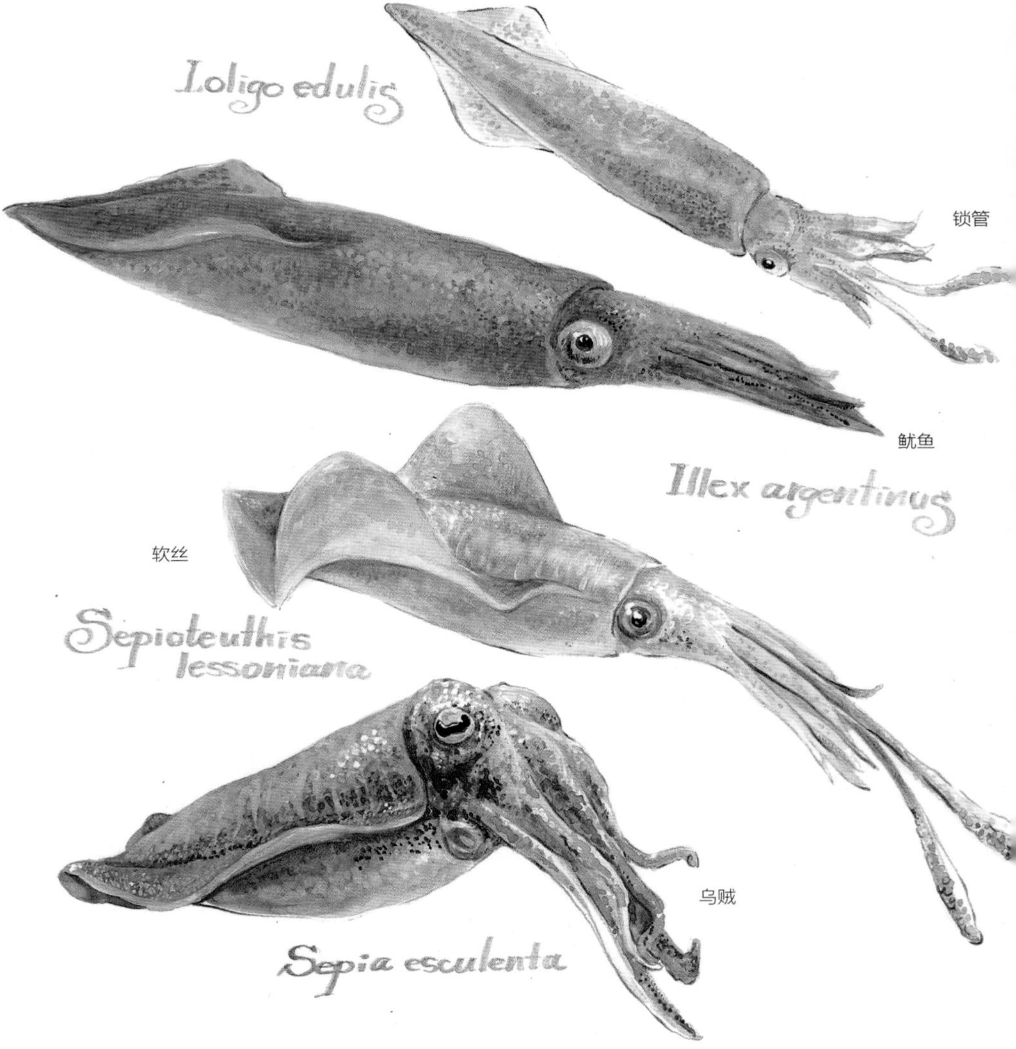

Loligo edulis

锁管

鱿鱼

Illex argentinus

软丝

Sepioteuthis lessoniana

乌贼

Sepia esculenta

近年来气候异常造成的问题，连小吃摊都感受得到，一向十分受欢迎的韩国鱿鱼羹，鱿鱼的货源越来越少，价格也越来越高，再继续恶化下去，恐怕鱿鱼羹也会就此消失无踪。

鱿鱼、锁管同属于管鱿目，两者外观十分近似，可以用眼睛构造、漏斗管的形状以及鳍的外形来加以区别。锁管眼睛外有透明的膜覆盖，一旦死亡，眼球变得模糊不清，但鱿鱼则完全相反，死亡后眼睛是张开而且清澈的。锁管的漏斗管软骨呈“|”型，鱿鱼则呈“⊥”型。锁管的鳍为纵菱形，鱿鱼的鳍为横菱形。

鱿鱼早年一直是依赖日本和韩国进口的干货，价格昂贵，直到我国台湾发展远洋渔业，至南美阿根廷一带的大西洋海域捕捞大量的阿根廷鱿，才逐渐成为平民化的食材。鱿鱼是游泳能力颇佳的头足类动物，常常成群于浅海活动，以捕食鱼类或乌贼为生。但这几年的海洋变暖，让原本产量极丰的鱿鱼大量消失，目前对鱿鱼消失的真正原因还不是很清楚，但大海的生态正在剧烈改变中，应该是毋庸置疑的。

锁管主要分布于台湾海峡和东北角海域，每年6至8月为锁管的盛产季，一般幼体称为“小管”或“小卷”，成体则为“中卷”或“透抽”，是非常平民化的食材，不仅价格便宜，营养也十分丰富。

软丝的正式名称是“莱氏拟乌贼”，外观与乌贼神似，但有一双超大的眼睛，其实它们在分类上跟锁管比较相近，同属管鱿目枪乌贼科。软丝盛产于台湾的东北海岸，但因海底垃圾问题严重，让软丝根本无处产卵，于是许多潜水同好除了定期清理岩礁区的垃圾之外，还投放了200多处的竹丛，模拟柳珊瑚的条枝状环境，为软丝重建产房，十年来成绩斐然，已成功复育了上百万只软丝。

乌贼在分类上与前三种不同，属于乌贼目乌贼科，虽然这四种头足类动物都有两只长触手，但仔细辨认还是大不相同。我们常吃的乌贼（俗称花枝），也被称为墨鱼，它们的鳍很薄，围绕在身体边缘，体型厚实，偏椭圆形。活的乌贼体色透明，长有紫褐色斑点，体色会随环境而改变，遇到危险时会喷出大量墨汁以躲避敌害。

鱿鱼、锁管、软丝、乌贼都是大海里数量极为丰富的头足类软体动物，是海洋生态系统不可或缺的重要成员，也是许多海洋生物的重要食物来源，它们的变化更是值得研究与关注，因为影响的将不只是鱿鱼羹、三杯中卷、清烫软丝或花枝羹而已，更可能攸关我们的生存。

锁管的幼体称为“小管”，成体则为“透抽”。

软丝的正式名称是“莱氏拟乌贼”。

乌贼捕食时用触须上的吸盘黏住小鱼，让它无法逃脱。

乌贼躲藏在海底沙堆时，体色变得跟沙子颜色一模一样。

Lesson 81

The 100 Essentials of Nature Lessons for Parents

上菜市场学自然

魩仔鱼

魩仔鱼体色透明细长，身长约1至3厘米，以日本鳀、刺公鳀、异叶公鳀为主。

魩仔鱼是200种以上鱼类幼鱼的总称，它一直是台湾人喜爱的海鲜小菜，特别是家里有小孩或老人时，婆婆妈妈上菜市场时总不忘买一些魩仔鱼，以熬煮稀饭或是煎魩仔鱼煎蛋。一般相信魩仔鱼是高钙的好食材，多吃无妨。但正因为这样的饮食习惯，加上居高不下的价格，长年大量捕捞魩仔鱼已经让台湾沿海的渔获大幅衰退，把魩仔鱼吃下肚，也等于吃掉我们珍贵的渔业资源。

魩仔鱼是海洋食物链的重要底层生物，不仅关系许多鱼种的数量多寡，同时也是吸引其他海洋鱼类靠岸觅食的重要因素。唯有丰富的魩仔鱼群生态，才能维系旺盛的海洋生产量。但是台湾长年捕捞魩仔鱼，没有任何的约束，严重影响了沿海的生态，在许多生态学者与保护团体的推动下，台湾终于在2009年起全面禁捕魩仔鱼。只是法令虽然如此规定，但执行依旧不力，市场或渔港还是看得到贩卖烫熟的魩仔鱼以及其他加工品。唯有大家齐心协力不要购买，才能真正落实改善现况。

魩仔鱼体色透明细长，身长约1至3厘米，以日本鳀、刺公鳀、异叶公鳀为主，一般寿命约2年，是许多近海鱼类的重要食物来源，人类实在没有必要与其他鱼类争食。更何况，魩仔鱼喂养近海鱼类，渔民才有鱼可抓，如果让鱼没有食物可吃，渔民也不可能丰收的。

以往渔民以特殊的细目网捕捞魩仔鱼，大网一收，上百种不同鱼种的仔鱼全部一网打尽，连重要渔获的龙头鱼、比目鱼、石斑鱼、白带鱼等的仔鱼，无一幸免，大大影响了它们的数量，这也是渔民抓不到鱼的主因之一。近年来的气候变暖影响海水的温度，原本分布于南部水域的刺公鳀与异叶公鳀逐渐往北扩展，而冷水性的日本鳀则大幅缩减，一般而言，公鳀类的卵颗粒大、数量少，而以日本鳀的产卵数较多，是魩仔鱼的主力部队。尔后的海水温度变化究竟会对海洋底层生物的魩仔鱼造成何种深远的影响，值得持续研究，如果底层生态系统率先瓦解，恐怕将是海洋生态的大浩劫。

在市面上贩卖的白色魩仔鱼都是烫熟的。

Lesson

82

The 100 Essentials of Nature Lessons for Parents

上菜市场学自然

章鱼

2010年，世界杯足球赛如火如荼地进行，也意外地让一只生活于德国动物园内的章鱼大红大紫，章鱼哥保罗顿时成为全球注目的焦点，当然足球迷关注的是它预测的足球冠军，而一般人则是纯粹看热闹。其实章鱼是非常特殊的动物，值得好好认识。

章鱼是头足类的软体动物，但和乌贼、锁管的10只触腕不同，章鱼只有8只触腕，所以一般叫它们是“八爪章鱼”。从外观来看，章鱼的头部占身体极高的比例，显见神经系统发达，根据研究，它们有三个心脏、两套记忆系统、五亿个神经元，而且眼睛构造复杂，有良好的视觉。

章鱼喜爱栖息于有珊瑚礁的浅海，因为这里有充足的食物来源，台湾以北部及南部的海域较为常见。章鱼为夜行性动物，白天躲藏于岩洞内，晚上才出来捕食小鱼、甲壳动物或贝类。章鱼以放射状的触腕及尖锐的口器来捕获猎物，唾液腺还会分泌毒液麻痹猎物，是海洋里相当可怕的杀手。

除了卓越的猎杀技巧外，章鱼的智商也是许多海洋生物学家的研究重点。章鱼是非常聪明的动物，还具有神奇的变色能力，皮肤里有无数的色素细胞，可视外界状况而扩大或缩小，就像是披着一件隐形衣，可以一下子消失得无影无踪。而且章鱼具有惊人的学习能力，也能够自行解决问题，不论科学家拿出什么样的瓶罐，它们总有办法打开瓶口，取得里面的食物。章鱼交尾之后，母章鱼会在岩缝间或洞穴内产卵，每次可产下数十万颗卵，在卵尚未孵化之前，母章鱼会寸步不离地守护，并且不断输送新鲜的海水，让卵得以顺利孵化。

我们对于海洋生物一向秉持的是“利用”大于“了解”的原则，以前海洋生态富足可能还不致发生什么问题，但现在面临的是日益匮乏的大海生态，我们想要渡过难关，就必须向大海学习，多多了解海洋生物的生态。章鱼哥的新闻只是一时的热潮，希望多少可以改变一点我们对待海洋生物的态度。

鱼市场贩卖的活章鱼，一直利用触手的吸盘攀爬逃脱。

具有毒性的蓝环章鱼将自己变色隐身在礁石上。

章鱼喜爱栖息于有珊瑚礁的浅海，会到潮间带觅食。

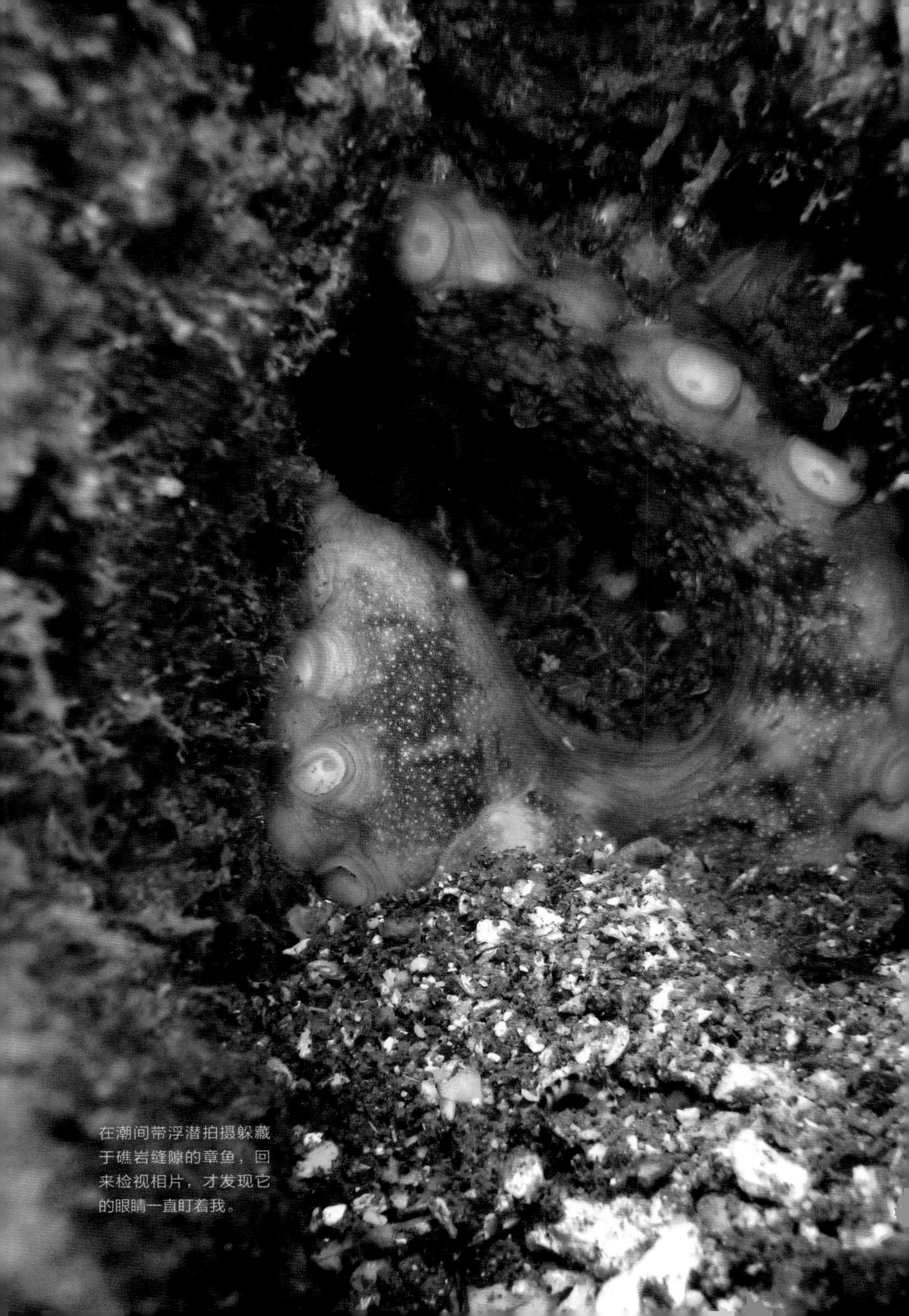

在潮间带浮潜拍摄躲藏于礁岩缝隙的章鱼，回来检视相片，才发现它的眼睛一直盯着我。

Lesson

83

The 100 Essentials of Nature Lessons for Parents

上菜市场学自然

鲸鲨

鲸鲨（Whale Shark）是世界上最大的鱼类，体长可长到18至20米以上，重量可高达几十吨。它们虽是鲨鱼的一种，但牙齿细小，以滤食为生，包括植物性浮游生物和动物性浮游生物，其中以桡足类为主要食物来源。此外，鲸鲨还会吃一些小型的鱼虾类，例如磷虾、沙丁鱼、鳀鱼等，以及头足类软体动物，甚至偶尔也会吃一些较大型的鱼类，如小型金枪鱼。

鲸鲨的个性温驯，行动缓慢，潜水者碰到它们时还可以来一段“与鲨共舞”，因此被称为“海洋的温柔巨人”，也有人直接称它们为“大憨鲨”。台湾是全球唯一捕食鲸鲨的地区，因其肉质白而细嫩如豆腐，海鲜市场一般俗称为“豆腐鲨”。从2000年起鲸鲨就被世界自然保护联盟列入红色名录的“易危物种”，2002年《华盛顿公约》更把鲸鲨列为附录二的保护物种。除了立法保护以外，如澳大利亚、伯利兹、菲律宾等国家都尝试发展鲸鲨生态旅游，例如以“与鲸鲨同游”为主题的生态旅游，来增加观光收益，以降低对渔业的冲击。我国台湾也在2008年起全面禁捕鲸鲨，所有被定置网误捕的鲸鲨，全部交由学术研究单位进行标识放流。

台湾早在1986年就有鲸鲨的捕获记录，因为鲸鲨多半会在海洋表层巡游觅食，加上其体形硕大，很容易遭到渔民捕杀，也有一些是误入定置渔网，不过这些数百公斤的鲸鲨多半是未成年的个体。日本渔民则把鲸鲨当成鱼群出现的指标，因为鲸鲨常和鲭、鲣等群聚性鱼类一起出现，鲭鱼、鲣鱼才是渔民真正想要捕捉的渔获。全世界南、北纬30至35度以内的温、热带海域，都可以发现鲸鲨的踪迹。根据澳大利亚的研究发现，每年澳大利亚海域珊瑚产卵的季节前后，该海域就会发现鲸鲨的踪迹，不过目前并不清楚鲸鲨是为了要摄食珊瑚的卵，还是想要吃以珊瑚卵为食的小型动物性浮游生物。

鲸鲨是以卵胎生的方式繁殖，通常要长到20岁、体长约10米左右才会性成熟，然后才能交配繁衍后代。鲸鲨一次可产下约300尾小鲸鲨，刚出生时长得很快，第1年就能够长到将近60厘米，一般鲸鲨的寿命可以超过80年以上。鲸鲨虽然是所有鲨鱼当中产仔数最多的，但是究竟多久生产一次依旧还是问号。此外小鲸鲨出生后，便会面临大型掠食性鱼类及哺乳动物的威胁，例如旗鱼、海豚、虎鲸等，以及其他鲨鱼或者海龟的捕食。鲸鲨的寿命虽长，但成长缓慢，常常还没长大到可以繁衍下一代时就已死亡，这些都是鲸鲨数量稀少的主因。

根据研究，西北太平洋海域的鲸鲨往北会洄游至我国台湾海域、东海，往南会出现在中国南海、菲律宾海域，显示仅靠单一国家和地区的保护及管理是不够的，必须通过跨境的合作，大家共同保护鲸鲨，才能让大海最温柔的巨人有未来可言。

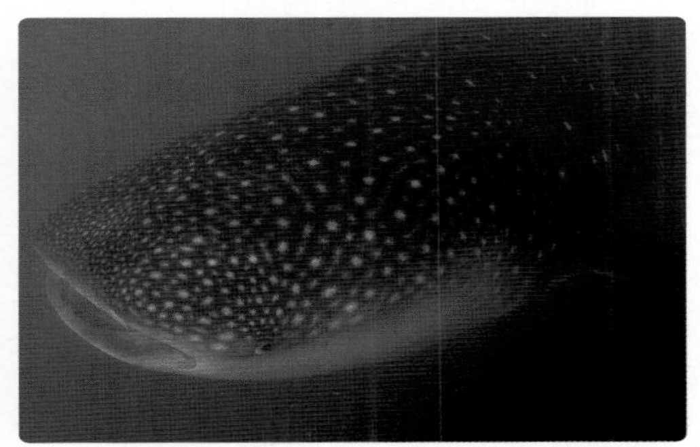

鲸鲨（Whale Shark）是世界上最大的鱼类，体长可长到18至20米以上，重量可高达几十吨。它的个性温驯，行动缓慢，潜水者碰到它们时还可以来一段“与鲨共舞”，因此被称为“海洋的温柔巨人”。（摄影／于川）

Lesson

84

The 100 Essentials of Nature Lessons for Parents

上菜市场学自然

翻车鱼

Ocean Sunfish

mola mola

翻车鱼又称翻车鲀或曼波鱼，它们的长相特殊，全身椭圆扁平状，背鳍及臀鳍上下相对，裙状假尾鳍短小，还有一双大大的眼睛及小小嘟起的嘴巴。

翻车鱼（***Mola Mola***）又名翻车鲀或曼波鱼，它们的长相特殊，全身椭圆扁平状，背鳍及臀鳍上下相对，裙状假尾鳍短小，还有一双大大的眼睛及小小嘟起的嘴巴，模样可爱极了，只要看过一次，大概就终生难忘了。它们看起来像没有尾巴的鱼，所以又有人称之为“游泳的头”。

每年4、5月间，翻车鱼会随着黑潮洄游来到台湾的东岸，原本多半生活于中、深海域，来到这里却常侧身躺在海面上晒太阳，于是成为东岸定置网渔业的天赐财富。加上这几年花莲县大力举办翻车鱼节，让翻车鱼成为家喻户晓的鱼类，可惜的是，我们依然只是着重吃的海鲜文化，对于翻车鱼的生态依旧一无所知。

翻车鱼在海里游动时会左右摇摆，看起来就像是轻舞曼波，才会被称为“曼波鱼”，此外这种鱼也喜爱侧身躺在海面上，白天晒太阳，晚上发出光芒，所以又被叫作“太阳鱼”或“月光鱼”。

我们对于翻车鱼的种群数量或生活习性都不十分清楚，只知道它们以吸食浮游生物为生，特别喜欢吃水母，觅食之后会侧躺海面让阳光照耀，主要是为了减少身上的寄生虫以及促进肠子的消化与吸收。翻车鱼没有胃的构造，却有奇长无比的肠子，可达体长的5至10倍，俗称“龙肠”。每次产卵可达3亿颗，是鱼类中产卵数最高的种类，不过因为翻车鱼的行动迟缓，常遭其他鱼类捕食，因此存活率大约只有百万分之一。

台湾渔民常把翻车鱼叫作“鱼粿”，因为被捕捉到的翻车鱼就像一大块瘫在甲板上的红龟粿，此外其肉色雪白、肉质清嫩，也有饕客叫它们“干贝鱼”，因以水母为食，所以也叫作“蜇鱼”。

对于翻车鱼的基础研究不足，所以我们也无从判断目前的捞捕是否会对其生存造成威胁，或每年的捞捕数量是否应该设限等。但是台湾确实应该要从海鲜文化进阶到发展出真正的海洋文化，如此也才能有真正永续发展的渔业与海洋。

台湾渔民常把翻车鱼叫作“鱼粿”。

花东地区标榜“曼波鱼”料理的餐厅林立，但我们对这种鱼了解很少。

Lesson 85

The 100 Essentials of Nature Lessons for Parents

上菜市场学自然

海蜇皮

模样可爱的珍珠水母（*Mastigias papua*, Spotted lagoon jelly，巴布亚硝水母）。

夏天来一盘凉拌海蜇皮，既开胃又下饭。但是这道小菜是什么做的，知道的人却少之又少，还有人以为海蜇皮是像海藻一样的植物性食材，吃素的人可以吃。其实海蜇是根口水母的一种，伞为肥厚的半球状，边缘没有触手，口腕上有8只触手融合在一起，以增加游泳及捕食的能力。伞径一般大约50厘米，最大可达1米以上。

水母是海洋生态系统的大型浮游性生物，全世界约有250种之多，大多数水母都是栖息在温暖的浅海里。台湾的水母一般在春天于河口水域大量滋生，然后随着西南风及暖流的日益增强，由河口往外向北移动，冬天再随着东北季风的增强，成群结队向南漂浮。水母漂浮时大多群聚成惊人的数量，有时可绵延数公里长，是冬季海洋颇为常见的奇观。

水母的主要成分是水，身体是由内外两胚层组成，外层的细胞有很多刺，主要用于捕食，而内层细胞则负责消化，两胚层之间有很厚的胶层，不仅呈透明状，而且还有漂浮的作用。水母运动时，主要是利用体内喷水反向前进，远远望去好比一顶圆伞在水中漂游。成群的水母在大海中紧密地生活在一起，同时一起漂浮，往往构成十分壮观的景象。

海蜇是一种可供食用的根口水母，其体型大，中胶层也特别厚。在捕获后先将触手上的刺丝胞处理过，再经以明矾和食盐等浸渍的繁杂处理后，根口水母的伞部就是海蜇皮，而触手部分则俗称海蜇头。海蜇皮的主要成分是胶原蛋白，含量高达70%，完全不含胆固醇与饱和脂肪酸，中医认为有清胃、润肠、化痰、平喘、消炎、降压等功效，是营养价值极高的食材。人们食用海蜇皮已有相当长的历史，明朝的《本草纲目》即有记载："人因割取之，浸以石灰、矾水，去其血汁，其色遂白。其最厚者，谓之蛇头，味更胜，生熟皆可食。"不过台湾人早期并不喜欢海蜇皮，根本很少有人吃，当时海蜇皮非常便宜，大家都嫌腥臭。但随着饮食习惯的改变，海蜇皮现在早已成为普罗大众非常喜爱的海鲜小菜，而且价格也不便宜。

水母是许多海洋生物的食物来源，但少有人注意到它们的存在，不过2009年在日本却一反常态跃上新闻的头版，原来那年日本渔民的渔获大减，卡在渔网里的都是满满的大型越前水母，不仅撕裂渔网，也活活压死了网内的渔获，日本海的海面上漂浮着满满的越前水母。有人推测是黑潮的流向改变，以致越前水母也跟着大量迁徙，那种骇人的景象确实让人印象深刻。

凉拌海蜇皮是大家非常喜爱的海鲜小菜。

爸妈必修的
100堂自然课
Chapter 7

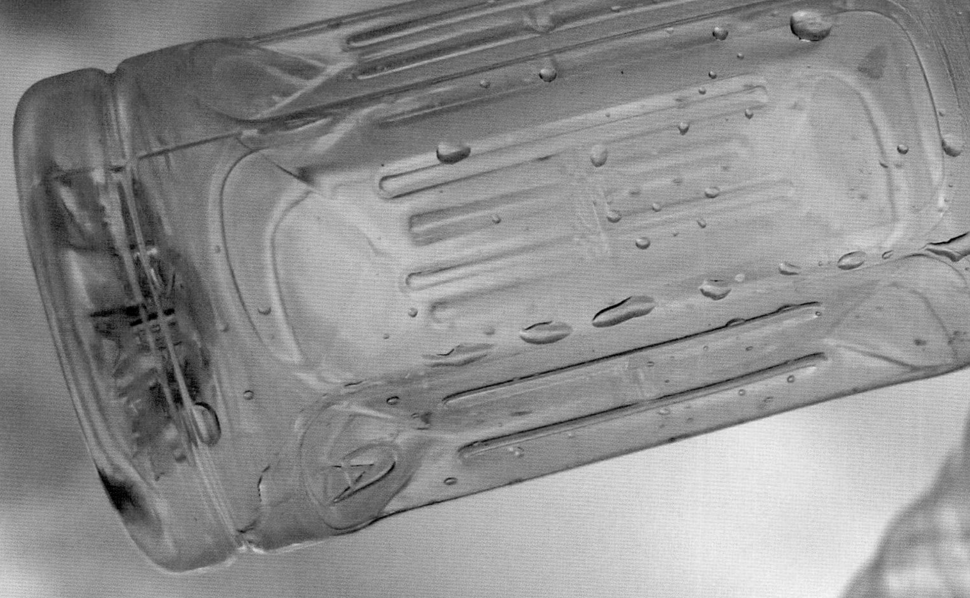

我们常说没新闻就是好新闻，
每天占据新闻版面的大多都是坏消息，
灾害、战争、饥荒、核泄露、渔获大减、动植物绝迹……
我们的地球家园真的生病了。
与其伤心绝望，不如起而行，从每天的生活开始改变。

日常生活里
可以做的改变

The 100 Essentials of Nature Lessons
for Parents

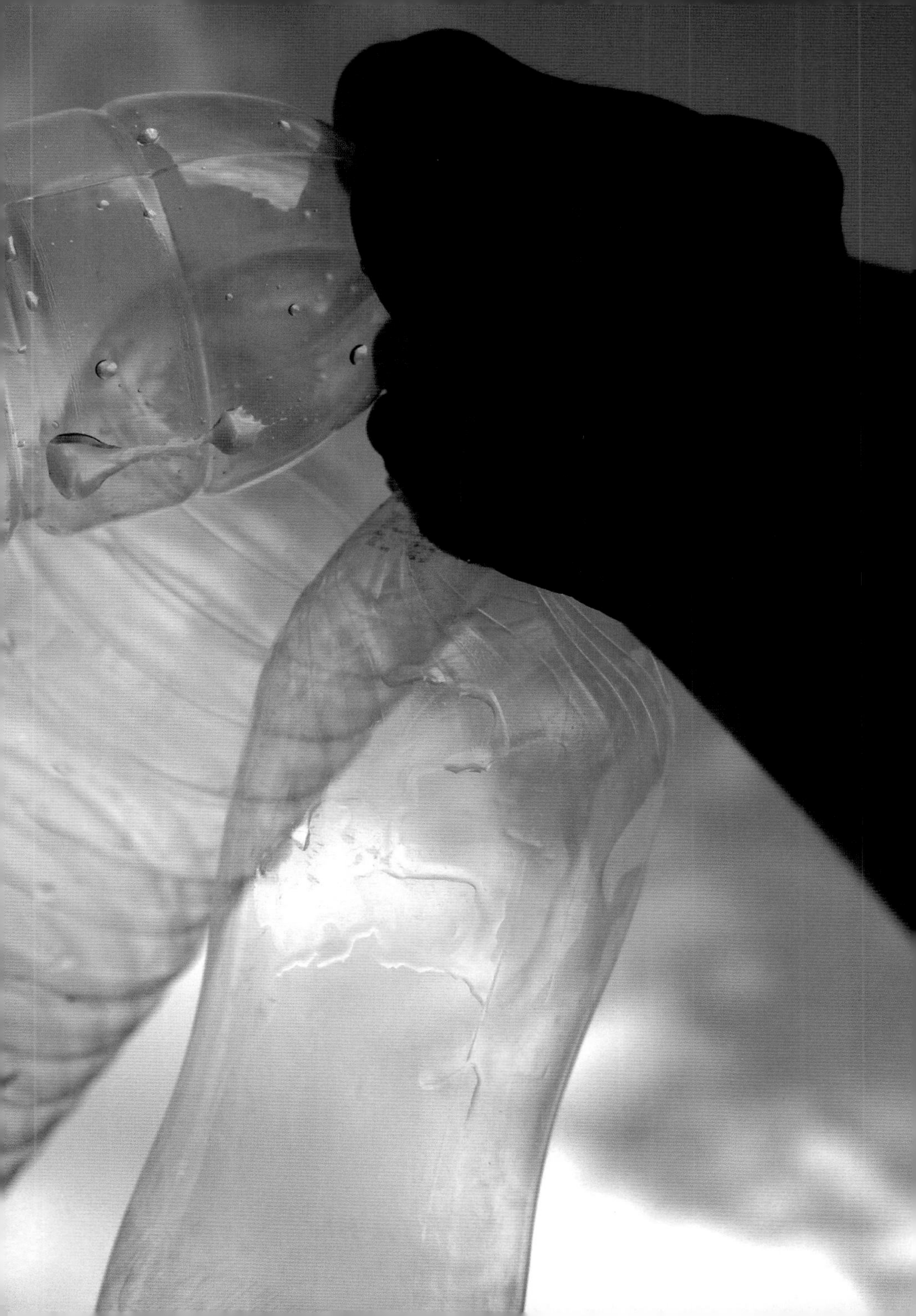

Lesson 86

The 100 Essentials of Nature Lessons for Parents

日常生活里可以做的改变

不要喝瓶装水

曾几何时，喝瓶装水变成了健康、时髦的象征，来自冰河、高山、海底的水吸引了许多人的目光，加上成功的营销策略，让瓶装水的销售日新月异，每年还至少增长10%。

台湾的连锁商店提供快速便利的服务，大大改变了一般人的生活面貌，就是因为过于便利，以致我们渴了就买水或饮料，再也没有人随身携带水壶。从商店冷藏柜里琳琅满目的饮料和瓶装水，就不难窥知这些都是商店营业收入的主力产品。但瓶瓶罐罐的背后隐藏的是重大的环境危机，想要扭转整个情势，第一步就是不要再消费任何瓶装的水或饮料。

首先是塑料瓶的生产过程，除了原料是石油产品之外，每生产一个1升的塑料瓶，制造过程需耗用17.5升的水。出了生产线之后，还要耗费大量能源运送至贩卖地，再上架与冷藏，每一步骤都大量增加二氧化碳的排放。

此外，后续的空瓶回收也是很大的问题，虽然现在台湾已经发展出独特的纺织技术，可以将回收塑料瓶制成再生衣、毯子等产品，但同样的问题是整个过程一样会排放二氧化碳。若不回收空瓶的话，以掩埋方式处理，就成了千古不化的垃圾。

若单以瓶装水的内容物——水——来看的话，台湾一吨自来水约7.5元至9元新台币，而每一吨的水可以装满1000个塑料瓶，但贩卖的瓶装水价格从18元到50元新台币以上都有，即把水装入瓶内就可创造出价差1800倍以上的产品，背后的环境代价却是要每个人平均分担的。据估计，台湾一年的瓶装水市场金额在60亿新台币以上，每年每人平均消耗200个塑料瓶，一年耗用的46亿个塑料瓶可以绕台湾223圈，绕地球6.3圈。多么惊人的数字，但我们还是继续消费，继续喝瓶装水和各式各样的饮料。

其实台湾的自来水普及率已高达九成以上，水质也不算太差，只要改善年久失修的自来水管线，大家都有干净的水可喝，不论是煮沸或是以过滤器过滤生水，都是安全无虞的。购买瓶装水不只是金钱上的浪费，也是在挥霍地球的珍贵资源，每天携带水壶，不但节省支出，也可减少大量的垃圾，更重要的是还可以避免瓶装水在生产和运送过程中排放的大量二氧化碳，以及后续空瓶回收处理的耗能问题。

市面上多样化的饮料多为塑料瓶包装，若没有落实回收，将来可能造成极大的环境问题。

人说鲨鱼凶猛可怕，却爱吃它身上的鱼鳍。到底是人可怕还是鲨鱼可怕呢？（摄影／蔡迪）

Lesson

87

The 100 Essentials of Nature Lessons for Parents

日常生活里可以做的改变

拒吃鱼翅

最近十年，地球的海洋资源不断出现警讯，以往我们一厢情愿以为大海是取之不竭的，事实却是大海已经到达濒临全面崩解的临界点，这是人类竭泽而渔的恶果。

其中最具代表性的海洋物种就是鲨鱼，为了供应需求与日俱增的鱼翅市场，每年大约有7000万到9000万头鲨鱼惨遭屠杀，对鲨鱼的生态造成极大的冲击，也大大地改变了海洋的生态。

鲨鱼是大海里古老的掠食动物，已经生存在地球上达4亿年之久，绝大多数的鲨鱼都是属于海洋食物网的上层掠食动物，如此大量的鲨鱼从海洋中消失，将造成海洋生态严重失衡。更何况鲨鱼与一般鱼类大不相同，不仅成长速度缓慢，长大至性成熟的时间也很长，约5、6岁到10岁才能繁衍下一代，而且子代的数目不多，

越大片的鱼翅越是华人世界里的珍贵顶级食材。

每次只会产下2至100尾左右。在目前如此严重的捕捉压力下，数量当然急速下降，想要恢复旧观更是难上加难。现在已有许多鲨鱼种类被世界自然保护联盟列入红色名录的保护名单内。

鲨鱼常被形容为大海杀手，但并不是所有种类都是可怕的掠食动物，也有以滤食为生的种类，如鲸鲨。鲨鱼是身强力壮的动物，感觉系统发达，即使远距离也能侦测到猎物的存在，其中以听觉最为灵敏，1600米远也可感受到音波的震动。其嗅觉也非常敏锐，500米外的些微气味都可以分辨得出来。以动物的构造来看，鲨鱼确实是演化已臻完美的掠食动物，同时也是维系大海健康生态的关键角色。

如此完美的动物却少有人喜爱或关注，因为我们根深蒂固地误解鲨鱼，误以为没有鲨鱼的大海才会更加安全。其实少了鲨鱼，许多被捕食的动物种群反而濒临瓦解，这也是海洋渔获会越来越少的原因之一。吃一碗鱼翅，不仅所费不赀，还要付出重大的生态代价，为了海洋的永续未来，我们每一个人都有责任拒吃鱼翅。

鱼翅羹是婚宴上常见的餐点，拒吃鱼翅应该从观念改正开始。

Lesson 88

The 100 Essentials of Nature Lessons for Parents

日常生活里可以做的改变

少吃金枪鱼

金枪鱼属于海洋表层的洄游鱼类。它们的身体侧线皮下有一层深红色的血合肉，可以储存大量的氧气，以供其长时间游动所需，同时也可调节体温。

身体呈纺锤状的蓝鳍金枪在海中游泳的泳速极快。

蓝鳍金枪鱼是世界上最引人垂涎的高级食用鱼，也是现今日本高级料理的生鱼片和寿司首选，由于需求大幅成长，加上价格居高不下，过度捕杀的结果，已使蓝鳍金枪鱼濒临绝种，在所有濒临绝种危机的鱼类排行榜上，蓝鳍金枪鱼高居冠军。

金枪鱼是鲈形目鲭科的鱼类，台湾有9属21种，比较常见的包括长鳍金枪鱼、大眼金枪鱼和黄鳍金枪鱼等，而每年4至6月间还有蓝鳍金枪鱼洄游至台湾附近。

金枪鱼属于海洋表层的洄游鱼类，会随着温暖的海流洄游迁徙，长久以来一直是非常重要的洄游性渔获。金枪鱼的身体侧线皮下有一层深红色的血合肉，可以储存大量的氧气，以供其长时间游动所需，同时也可调节体温。

一般我们说的蓝鳍金枪鱼，其实可分为北方蓝鳍金枪鱼和南方蓝鳍金枪鱼，其中北方蓝鳍金枪鱼还可分为太平洋蓝鳍金枪鱼和大西洋蓝鳍金枪鱼等两个亚种，南方蓝鳍金枪鱼则专指分布于南半球的三大洋种群，也就是南太平洋、印度洋和南大西洋的金枪鱼。

在台湾附近捕获的大多为太平洋金枪鱼，它们通常在日本近海发育成长，然后开始洄游，横越太平洋到达美洲的西岸，成年以后才会再度返回日本近海。

每年在台湾屏东的东港和宜兰的苏澳捕获的即是产卵洄游的太平洋蓝鳍金枪鱼，因为成年的金枪鱼在春天会顺着黑潮北上来到日本与菲律宾之间的台湾东部太平洋海域产卵。但经过这么多年的大肆滥捕，现在金枪鱼的产卵种群已是一年比一年少，这是值得关注的警讯。

蓝鳍金枪鱼是大海里的游泳高手，虽然最大型的蓝鳍金枪鱼体重可能高达700公斤、长4米左右，但它们一点都不笨重，有人还形容它们是大海里的高速炮弹，流线型的身材，搭配上弯刀般的尾鳍，可以划破海水快速前进，让它们在海里无往而不利，是相当可怕的掠食动物，多半以其他鱼类或鱿鱼等头足类以及小虾等为生。

蓝鳍金枪鱼之所以成为游速最快的鱼类之一，秘诀就在于能储存大量氧气的血合肉，让肌肉可以维持温热的状态，体温十分接近陆地上的哺乳动物，是大海里少数的温血鱼类之一。

蓝鳍金枪鱼从一小粒鱼卵成长至平均200公斤以上的成鱼，大约需要耗费8至10年的时间，成年以后的蓝鳍金枪鱼才有产卵繁衍下一代的能力，现在的强大市场需求却等不及蓝鳍金枪鱼长大，一网打尽的结果就是渔获越来越少。由于大型的蓝鳍金枪鱼变得十分稀有，许多国家转而发展蓝鳍金枪鱼养殖，但是养殖只是大量捕捉蓝鳍金枪鱼幼鱼加以圈养，于是让蓝鳍金枪鱼的状况更加恶化，因为这样的假养殖其实是彻底剥夺蓝鳍金枪鱼野生族群的繁殖机会。

根据2010年的统计资料，大西洋蓝鳍金枪鱼大概只剩下9000只左右，太平洋蓝鳍金枪鱼经过多年的滥捕，大概也所剩不多。但庞大的商业利益让蓝鳍金枪鱼一直未能被列入《华盛顿公约》的禁捕名单之内，我们唯一能做的就是不要再把蓝鳍金枪鱼当成食物，并且尽量让更多的人知道它们的现况，希望有一天可以改变，将蓝鳍金枪鱼纳入保护动物的行列，让它们有机会恢复昔日的盛况。

Lesson 89

The 100 Essentials of Nature Lessons for Parents

日常生活里可以做的改变

减少吃肉

气候的异常让每个人开始关心碳排放的问题，节能减碳也成为现代人的新生活运动，虽然成效不是短时间内可以呈现的，但关心总比冷漠好，个人的一小步有可能成为整个人类的一大步。

以日常生活的饮食习惯而言，素食的碳排放确实比肉食少了许多，因此许多环保团体无不大力倡导“每周一日素食”，希望可以逐渐降低对肉类的依赖程度。根据统计数据显示，台湾每人每年会消耗77公斤肉类，碳排放量约为日本和韩国的两倍。如果人人都愿意响应一日素食，每个人约可减少7公斤的碳排放，则全台湾约可减少1.6亿多公斤的二氧化碳排放。

根据联合国粮农组织的报告，肉类的生产是导致全球变暖的重要因素之一，因为超过70%的亚马孙雨林遭到砍伐就是为了畜养牛只，而全世界畜牧业产生的温室气体远比交通运输还多。原本可以储存大量二氧化碳的雨林一一倒下，不是成为牧场，就是辟为栽种饲料作物的农地，如大豆或玉米等。

若以耗用水资源的角度来比较，生产1公斤的马铃薯约需100升水，1公斤稻米约耗用4000升，但生产1公斤牛肉则要耗水13000升，更何况肉类的产销和运输过程还要消耗许多石油。若以每年每公顷农地能够喂养的人数来比较，1公顷马铃薯可以养22人，稻米约19人，而生产出来的牛肉或羊肉则只能养1至2人。

爱因斯坦曾说：“没有一种东西比进展到吃素更有益于人体健康，而且还可提高地球生命的存活机会。”全世界生产的农作物总量绝非无法喂饱所有的人类，主要是有三分之一至一半左右的作物被拿来喂养动物，好让它们快速增肥以供人们食用。以台湾的现况而言，每年进口达400万吨玉米，绝大部分都是养猪、养鸡的饲料，肉食的习惯让我们无法不依赖进口玉米，于是也等于间接助长了雨林的破坏。

饮食习惯的改变并非一朝一夕就可达成，但可以循序渐进，逐步降低对肉食的依赖，从每周一日蔬果到二日或三日蔬果，从日常生活的食物选择来关怀我们的环境，应该是每个人都做得到的事。

台湾每年进口400万吨玉米，大部分是做鸡、猪饲料。

为了养牛，中南美洲许多热带
雨林都被砍伐开垦成牧场。

Lesson 90

The 100 Essentials of Nature Lessons for Parents

日常生活里可以做的改变

越来越严重的粮食危机

地球的气候变暖导致许多生态危机，但最让人类有切肤之痛的莫过于气候灾变导致粮食歉收。加拿大、俄罗斯、澳大利亚、美国、南美等主要谷类输出地，一旦谷物歉收，就会牵动全球的粮价，而粮价是百价之王，粮价的上涨往往成为引发全世界通货膨胀的“领头羊”。

事实上，气候灾变将是以后的常态，面对人口增长、油价不断上涨等问题，我们究竟要如何应对越来越严重的粮食危机？最简单的第一步就是从每个人的每一餐做起，改变“多肉少菜、多麦少米”的饮食习惯，让台湾的粮食不再受制于人，建立起我们自给自足的粮食安全网。

台湾得天独厚的温暖气候以及发达的农业技术，让我们享有不虞匮乏的多样食物，因此我们一定要支持本地的农业，尽量只消费台湾可以生产的食材，而避免选择进口的，兴盛的本地农业才能让台湾安然度过粮食危机。

其实以现今全世界的农作物产量，想要喂饱全球接近70亿的人口不成问题，最大的问题在于许多大豆、玉米的产量不是用于喂饱人类，反而是用于动物性饲料以及生物质能源的开发上，这样的需求让全球的粮食危机一发不可收拾。粮食的分配失调突显了全球化的严重问题，资源分配不均让富者越富，穷人连一口饭都难求。

我们不能再置身事外，每一餐饭的选择都是改变的契机，用心饮食，支持本地农业，只吃当季的食物。每一个人都可以尽其本分，收复我们的饮食自主权、粮食自足权，这样不仅有益健康，也是对地球生态环境有利的做法。

稻米、五谷杂粮如果短缺，会造成全人类的生命浩劫。

Lesson 91

The 100 Essentials of Nature Lessons for Parents

日常生活里可以做的改变

吃饭皇帝大

台湾的主食原本一直以米饭为主，以前的人见面问候语多半以“吃饭没？”作为开场白，由此可知稻米在我们生活的重要地位。但随着饮食习惯的西化，米似乎越吃越少，反而大大依赖进口的谷类，以致台湾的粮食自给率只有大约32%，远低于其他地方的粮食自给率，例如日本41%、韩国45%、英国70%、中国大陆95%，而美国、加拿大、澳大利亚、法国都超过100%。

最近几年的气候异常造成许多地区的农作物歉收，粮食危机一触即发，抢粮大战使国际粮价节节飙涨，台湾依赖进口的小麦、大豆、玉米和蔗糖等也大幅上扬，于是面包、方便面、鸡蛋、色拉油、肉类等，无一不涨。

其实稻米是唯一可以在台湾生产的主食谷物，不过全台湾的谷类总消耗量，稻米所占的比例还不到50%，而且从2009年起台湾的小麦消耗量首度超越了稻米。事实上，小麦是温带作物，台湾根本无法种植，必须全部仰赖进口，加上石油暴涨导致运输成本大增，以及国际价格的不稳定，连带让台湾的物价蠢蠢欲动。

台湾长久以来的重工商轻农业的政策，让弱势的农业一直是被牺牲的，虽然我们的人口不断增长，耕地面积却持续减少，而大幅依赖进口的谷类。一旦世界发生严重的粮食危机，我们将无以为继，也难怪有人主张粮食危机是严重的安全问题。

台湾想要掌握粮食主导权，唯一能做的就是增加稻米的生产，虽然“农委会”也宣布到2020年要将粮食自给率从32%提高到40%，预计活化耕地面积14万公顷，却欠缺具体做法，不仅没有保障农民的基本收益，一旦气候异常面临缺水危机，总是牺牲农业，限制农业用水。

台湾的谚语“吃饭皇帝大”代表的是对食物的尊重，以及感谢农民“粒粒皆辛苦”的心意，而今“吃饭”一事更攸关每个人的生存问题，怎能不努力加餐饭呢？

台湾要避免粮食危机的方法，就是增加稻米的生产。

每一口香甜米饭都充满了农民辛勤耕作的心血。

Lesson

92

The 100 Essentials of Nature Lessons for Parents

日常生活里可以做的改变

为什么渔获越来越少？

以往我们总觉得大海是取之不竭的宝藏，海里的鱼、虾、蟹及其他海洋生物的数量永远都是天文数字，可以满足人类永无止境的需求。但20世纪末一直到迈入21世纪的头十年，海洋的生态出现了许多剧烈的改变，如果我们继续毫无节制地滥用海洋资源，浩瀚无边的大海也可能会有匮乏的一天。

海洋的生命摇篮就是珍贵的珊瑚礁生态系统，数以万计的海洋生物都在此繁衍下一代，如今珊瑚礁却面临了前所未见的危机，包括温室效应造成海水温度上升，大量珊瑚白化死亡；此外，大气的二氧化碳浓度持续上升，改变了海水的碳酸钙饱和度，于是珊瑚的钙化速率变差，也大大减缓珊瑚的成长；气候变迁还造成许多珊瑚礁生物的怪异疾病大量蔓延。这些重大的影响导致鱼类、虾蟹及软体动物的产量大减，进而影响了许多地区的渔获量。

此外，沿海的河口湿地或红树林生态系统是孕育许多生物的重要地带，但这些环境通常也最容易遭受污染及破坏，尤其是濒临工业区或大都市，原本生命的摇篮都成了污水排放处，或堆积大量垃圾。

其实每一生态系都是环环相扣的，少了孕育生命的适当场所，又怎能期待日后的丰收呢？

除此之外，人类渔业技术的进步也对海洋生物造成莫大威胁，以往撒网捕鱼总有漏网之鱼可以幸存，现代的商业化捕鱼作业却竭泽而渔，大小鱼无一幸免，自然没有足够的繁衍种群可以存活，而渔获的数量当然也会越来越少。现今的大型远洋渔船到遥远的公海捕鱼，出一趟门大概都是几个月到半年才会回来，想要平衡庞大的油料费及人事费，当然要有一定的渔获量，甚至为了载运更多的渔获，还配备有专用的搬运船，将渔获一船一船地运回遥远的消费地。

除了拥有先进的雷达设备可以探测鱼群的位置之外，现在还有渔船使用声呐装置吸引鱼群自动靠拢过来，毫不费力地就可以将邻近海域的鱼群全部捕捞上船。人类以前捕鱼，靠的是渔夫的长年经验以及判断，如今科技的进步反倒成了海洋生物的梦魇。赶尽杀绝绝非人类之福，一旦海洋生态系统开始崩解，恐怕我们也难以独活吧！

渔民正在港口拍卖刚捕捞上岸的旗鱼和鲯鳅。

Lesson 93

The 100 Essentials of Nature Lessons for Parents

日常生活里可以做的改变

购买环保产品

购买环保的有机棉T恤，减少环境的负担。

现代化的便利社会，提供了琳琅满目的各式商品，在强力的商业营销下，许多需求一一被创造出来，然后通过消费行为得到满足。除了衣食住行的基本需求外，资本社会的商业体系原本就鼓励大量消费，经济才能不断增长。生活在这样的环境里，想要像清教徒般过着完全不消费、自给自足的日子，几乎是不可能的事。但我们还是可以尽量选择对环保的产品，至少不要让自己的消费对环境造成额外的负担。

最近几年极受瞩目的绿色经济设计提案“从摇篮到摇篮”的概念大大震撼了工业及商品设计，一个产品在刚开始的设计时就先仔细考虑产品的结局，让它成为另一个循环的开始，因此“从摇篮到摇篮”的目标不是在于减少废弃物，而是可以转化成其他物质、产品，或是成为对其他地区、其他人有用的东西。例如完全可以分解的运动衫、可以在马桶冲洗的尿布等，都是符合“从摇篮到摇篮”的设计概念。

许多人可能觉得只要做好废弃物回收，就不致对环境造成太大的伤害。但事实是许多回收的物资根本无法处理或再利用，或者需要耗费大量能源才能回收部分物资。因此光依赖垃圾回收不足以解决现今的问题，而应该在生产之前就事先考虑材料选择或设计等重大问题。我们的衣食住行等基本需求是可以有选择的，例如在食材的选择上，以本地、有机的农作物为优先考虑，鼓励对土地友善的小农，让他们可以生存，继续生产对人类、对环境有利的食材。衣服的挑选以自然素材为主，避免化学的制程或染剂。住的方面，不论是建材或漆料，现在选择也很多，避免有毒的化学涂剂，尽量采用自然建材及涂料，才不会造成“生病的家综合征”（sick-house syndrome）。行的方面也以搭乘公共运输工具为主，减少自行开车，不仅可以降低耗油，也是对环保的实践方式。

对环保的产品，最终的生产目标当然是不会产生废弃物，不会造成生态环境的负担，但这绝非易事，将大大考验人类智慧，也是未来可期的庞大绿色商机。

选购对环保的农产品和商品，也是对环境保护的实践。

Lesson

94

The 100 Essentials of Nature Lessons for Parents

日常生活里可以做的改变

塑料瓶变身排汗衣

在2010年的世界杯足球赛中，最受瞩目的主角人物除了章鱼哥保罗之外，另一个大家关注的焦点就是9支球队穿着的排汗球衣是由台湾出品的塑料瓶再生衣，让台湾的绿色纺织技术站上世界舞台。

以前“书中自有黄金屋”的时代可能要进展成“垃圾变黄金”了，未来回收的物资如何成功转化成可再利用的物质，成为极具挑战性的课题。大量生产的廉价商品制造了难以处理的垃圾问题，不论是焚烧或掩埋，都只是杯水车薪的努力。像充斥饮料和瓶装水市场的塑料瓶，具有质轻、安全、卫生以及不易破裂等优点，于是轻易攻占了全世界的饮料包装市场，但塑料瓶的后续处理问题成为每一国家的梦魇，即使掩埋再久也完全不会消失，焚烧则会造成二次空气污染。

慈济从20世纪90年代开始号召志愿者从事环保回收，数以万计的志愿者纷纷响应投入。据估计全台湾的塑料瓶总回收量中，约有三分之一是来自于慈济志愿者之手。努力了二十余年的环保业，也成功研发出各类环保再生制品，如毛毯、衣服、袜子等，都是用回收的塑料瓶及咖啡渣制成。而每一次有灾难发生，这些再生制品总是第一时间就送至灾害前线，帮助了许多亟待救援的人们。

台湾每年约可回收28亿个塑料瓶，而平均每8个塑料瓶就可制成一件球衣。塑料瓶经过回收、处理、重制，成为回收的聚酯纤维，纤维再经抽丝、纺纱就成为回收的聚酯布料，平均约70个塑料瓶可制成1公斤的塑料瓶再生纱，相较于全新的聚合抽纱，最高可减少77%的二氧化碳排放量，以及84%的能源消耗。

塑料瓶再生制成的球衣，不但减轻了13%的重量，同时还能迅速蒸散汗水，让球员随时保持轻盈、干爽，同时其延展性也比一般布料高10%，搭配动态的贴身裁切，可以为球员提供优越的活动性以及空气流通性。

原本千年不坏的塑料瓶，因为回收纺织技术的研发，成为可再利用的新兴材质，不仅解决了棘手的垃圾问题，更提供了许多新的研发方向，不过最终的重要课题还是应该持续减少塑料瓶的使用数量。

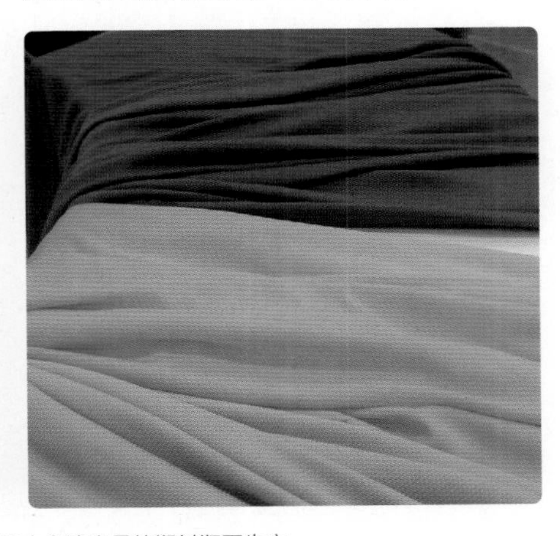

在2010年的世界杯足球赛中，9支球队穿着的排汗球衣是由台湾出品的塑料瓶再生衣。

Lesson 95

The 100 Essentials of Nature Lessons for Parents

日常生活里可以做的改变

建构低耗能绿建筑

拥有一个可以遮风避雨的家是每一个人的生活基本需求之一，根据统计，台湾的建筑物超过90%都是采用钢筋混凝土的构造，而生产混凝土所需的水泥，不仅造成台湾河川沙石的滥采，还要消耗大量煤炭与电力，整个过程释放出巨量的二氧化碳，是相当不环保的建材。

近年来的气候异常，也促使人们开始关切衣食住行的碳足迹，从每一个人的生活做起，慢慢改变我们的环境面貌。住的方面自然以所谓的“绿建筑”为显学，即建构符合生态原则、节约能源、减少废弃物的健康住宅，知名的建筑师莱特认为绿建筑是“把建筑物当成一个有机体来看，让建筑物跟自然环境达到完全融合协调的境界”。也就是说建筑物是有生命的，借由大自然的阳光、空气和水，让建筑和环境完全和谐，生活于这样的建筑物里，人们自然更健康。

相较于台湾建筑常用的钢筋混凝土，其实轻质混凝土、钢构造和木构造都是比较环保的建筑方式。在台湾的公共建筑里，位于北投公园内的台北北投图书馆，是台湾第一座绿建筑图书馆，非常值得参观欣赏。屋顶设置了太阳能光电板，以提供图书馆的用电，同时建筑物本身采用木材和钢材，这些建材都可回收利用，不致有废弃物的问题。四周大片的木框落地窗，不仅美观，而且采光良好，可以大大减少白天的用电。屋顶及斜坡还种有大片绿化的草皮，可涵养水分，同时还设计了雨水回收槽，可拿来浇花及冲马桶，大大减少图书馆的用水。

许多国家致力于发展绿建筑的新城镇计划，虽然目前的造价还比较昂贵，但如果一并考虑人们居住之后的能源消耗，低耗能的绿建筑依然远优于传统的建筑。更重要的是，绿建筑的风潮代表的是回归自然，找回人类住宅应有的自然风貌，呼吸自然的空气，让阳光洒进屋里的每一角落，天上落下的雨水不仅滋润绿色植物，还可帮忙清除脏污。节制的生活美学将是未来人类生活的主调，也是人与环境共生共存的唯一选择。

位于台北的北投图书馆是一座著名的绿色公共建筑。

Lesson
96
The 100 Essentials
of Nature Lessons for
Parents
日常生活里可以做的改变
减少
开车

台湾的经济改善，最明显的指标之一便是家家户户买得起车子，但是很快不足的停车空间、壅塞的道路、恶化的空气污染以及节节上升的油价，都成为开车族的梦魇。

以目前大家最关切的碳排放来看，开车每公里约排放0.22公斤的碳，但搭乘公交车每公里只制造约0.08公斤的碳，搭乘地铁则为0.07公斤，可减少约三分之二的碳排放。在我们日常生活的衣食住行当中，每一个人最重要的碳排放来源是每天的交通运输，因此使用大众交通工具自然比开车来得好。如果想要计算一下自己车子的碳排放量，可采用以下的公式：开车的二氧化碳排放量（kg）＝油耗公升数×0.785，越耗油的车子排放越多的二氧化碳。

摩托车族众多的台湾每日的碳排放量十分惊人。

为了让大家减少开车或骑摩托车，其实最重要的是提供完善的公共运输网络，或是规划良好的自行车道，让大家可以安全上路。但台湾的规划显然远比其他先进地区落后，台北都市区的自行车道根本寸步难行，而轨道交通系统以大台北地区较为完善，但目前完成的网络仍不足以应付新北市庞大人口的需求。台湾其他地区除了高雄拥有轨道交通以及规划良好的自行车道外，公共运输系统大多严重不足，让大家只能继续开车或骑摩托车上班、上学。

如果未来的城市规划能将环保永续的交通政策划入其中，那才能够真正迈向国际级的环保城市。

汽车工业进入21世纪后，也意识到大势所趋，节能、低耗油的车种成为车市的常胜军，环保的混合动力车是目前最受欢迎的选择。以往最不环保的产业也不能不顺应潮流，显见能源及气候变暖的议题已是深入人心。

节能减碳不是喊喊口号就能达成，当局如果没有改变的决心以及中长期的规划，台湾排碳大户的污名恐怕也难以改变。

Lesson

97

The 100 Essentials of Nature Lessons for Parents

日常生活里可以做的改变

来趟生态旅游

婆罗洲的原始热带雨林景致值得我们去造访。

旅游是现代生活不可或缺的一环，每天汲汲营营于工作，不免想偶尔出走一下，远离家园，看一看其他地方的人与生活。台湾每年出境人数达三百余万人次，超过90%是以观光旅游为主。

台湾的境外观光旅游早期多半以“多国多景点”为卖点，长途跋涉累坏了，却没有享受到旅游的乐趣。近年来旅游信息发达，自助行和背包的年轻族群多了起来，还有另类的生态旅游也方兴未艾。

生态旅游提供的是不同于一般旅游的乐趣，不仅可以吸收丰富的生态知识，也可体验不同自然环境之美，同时还有机会一窥各式各样的丰富生命，是非常难能可贵的自然体验。

生态旅游以非洲的游猎及婆罗洲的雨林探险为首选，尤其这两者的自然景观与台湾大不相同，可以带给我们心灵极大的震撼。以前曾到南非旅行过两次，最喜欢的当然就是住在荒野里的保护区，清晨和黄昏坐着吉普车出外寻觅动物的踪迹，非洲五霸尽收眼底。欣赏完非洲的大型动物，向导会找一处安全的莽原，一望无际的草原是欣赏夕阳落日的最佳地点，火红的非洲落日永烙心头。

婆罗洲的雨林行则是另一番体验，一棵棵高耸入云的龙脑香科大树矗立于绵延不绝的绿色树海，雨林是树木的故乡，滋养庇护了无数的生命。而每天下午的隆隆大雨，带给我们的却是宁静无比的感受，淹没了一切的雨声好像把我们的心灵彻底洁净了，原来世外桃源就在这里。

生态旅游是珍贵的学习之旅，亲身体验不同自然生态系统所展现的生命力，亲眼见证地球的美丽生物，以及置身大自然的欢愉经验，同时也会更深切体认自然保护的重要性。

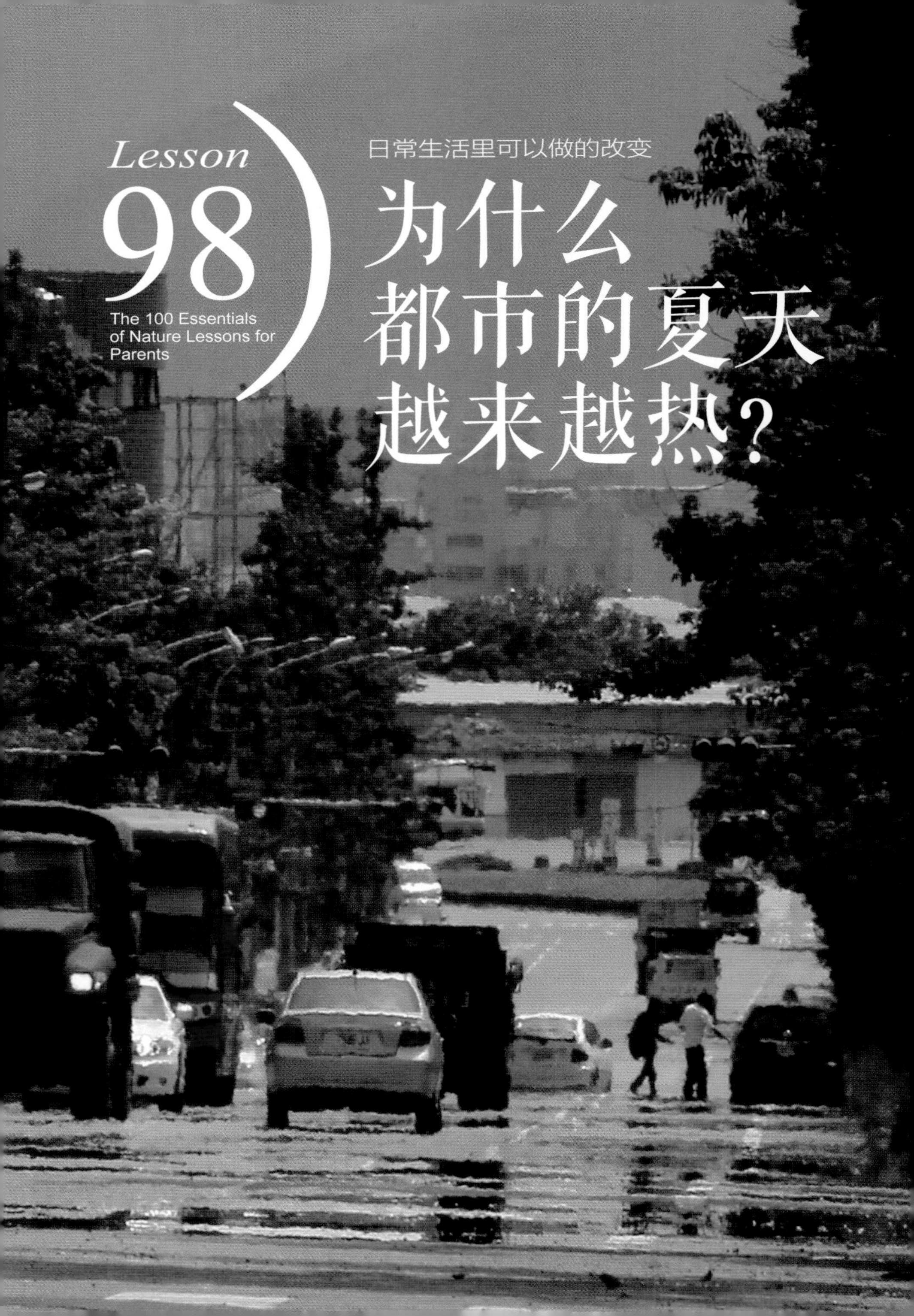

Lesson 98

The 100 Essentials of Nature Lessons for Parents

日常生活里可以做的改变

为什么都市的夏天越来越热？

这几年的夏天似乎越来越热，原本力抗空调的我也节节败退，晚上睡觉如果没有开上一两个小时的空调，根本难以入眠。白天带狗散步，走一趟回来总是满身大汗，一天衣服不知换过几回。每次出门一定要自备扇子和毛巾手帕，我和朋友都戏称这是老奶奶度夏的必杀装备。

台湾是个海岛，四周环绕广阔的海洋，有海风和水分湿度的调节，按理不该热成这样，若从统计数据来看，过去百年来整个北半球约增温0.7摄氏度，但台湾都市区的数据却高出两倍，即平均增温了1.5摄氏度。显然全球的温室效应并不是造成都市区增温的全部原因，反而“热岛效应”扮演了更重要的角色。

所谓的“热岛效应”是普遍存在于全世界都市区的区域性气候异常现象，即都市的气温都远比周遭区域来得高，例如台北市夏天中午的气温就比邻近地区高出四五摄氏度。

都市里集中了大量的人造建筑物以及四通八达的柏油路面，这些人工设施的热容量及传导速度都很高，白天时会吸收大量的太阳辐射，加上都市绿地普遍不足，通过植物及土壤的水分自然蒸散来降温的作用，当然也大幅减少。

同时高耸的建筑物林立，都市普遍通风不好，还有拥挤的机动车以及家家户户的空调排放出大量的废热，自然让都市区热得像蒸笼一般。此外，空气污染的悬浮微粒很容易在都市上空形成云雾，进而阻碍了夜晚热气的消散。

夜晚温度的上升是热岛效应的典型结果，原本白天积聚的热气在太阳下山后会持续消散，但现在夏天的夜晚却一样炎热，通常晚上的最低温在25摄氏度以上即意味着需要打开空调，以前台北一年大概只有35天的夜晚会出现类似高温，如今却早已超过100天以上。

台湾过去数十年的急速都市化以及工业化，让我们的生活环境被鳞次栉比的建筑、工厂及柏油路面给占据了，要改善都市的热岛效应，最有效的方式就是增加绿地的面积，多多种树，以及鼓励大众加入屋顶绿化。台湾的都市区如果可以多出几十个大安森林公园或植物园，相信一定可以降温好几度，也可大大节约夏天空调的耗电，进而改善大家的生活质量。

夏天的“热岛效应”让都市的温度比邻近地区高出四五摄氏度，正午时分可以见到柏油地面蒸散出阵阵热气。

日常生活里可以做的改变

地球气候的变暖

自从18世纪末的工业革命以来，人类的生活水平不仅大幅跃进，科技的发展也一日千里，我们对自然环境造成的重大改变不再只是局限于地表，而是扩张到大气层，工业产品及机动车、飞机等排放大量的二氧化碳、一氧化二氮、甲烷、氟氯碳化物等温室气体至大气层中，影响遍及全世界，逐渐改变了全球的气候。

根据长期的测量资料来推估，从18世纪后叶一直到20世纪90年代，大气层里的二氧化碳含量大幅增加了30%。

这些增加的二氧化碳主要来自于化石燃料的燃烧、水泥的制造以及土地的开发利用。

科学家预估到2100年时，全球的平均气温将比1990年高出0.9到3.5摄氏度，其中二氧化碳的温室效应大约占了70%，而其他温室气体约占30%。

二氧化碳等温室气体就像一张热毯般包覆着整个地球，温室气体对于来自太阳辐射的可见光具有高度的通透性，但对地球反射的长波辐射则具有高度的吸收性，这样的“温室效应”导致全球的气候变暖，而且这些温室气体的生命期从十年到数百年都有，可以影响地球的气候达数百年之久。地球温度的上升将使冰山崩裂、雪山融化以及海平面上升，同时也会改变整个地球的水文循环，造成降雨异常，不是大旱就是豪雨成灾。这几年的天灾不断，让大家都亲眼目睹了气候变暖的可怕后果。气候的变迁也连带影响了农作物的收成，使国际粮价不断飙涨，粮食危机一触即发。而大自然的生物也一样遭受池鱼之殃，像是大家熟知的北极熊，因为北极环境的剧变而数量大减，因此气候变暖对生物多样性的伤害一样可怕。

台湾虽小，人口占全球总人口的千分之三，但我们从1990年到现在的温室气体排放总量占了全球的百分之一，比例之高实在惊人。若以排碳量的排行榜来看，台湾的排碳总量是全球各国家和地区中的第22名，而每个人的平均排碳量更高居全球第16名。以台湾的能源缺乏现况，99%的能源均需仰赖进口，是造成温室气体排放量持续增长的主因，加上强势的经济实力以及以出口为导向的产业发展，当然会在排碳上名列前茅。

但是这一切还是可以改变的，例如投入发展再生能源科技，提高能源的自给率；发展完善的公共运输系统，减少普通人生活上的油耗量；取代高耗能、高污染的工业；保护台湾最重要的森林资源。身为地球生物圈的一员，我们有责任改变现况，而且今天不做，明天一定会后悔的。

Lesson 100

The 100 Essentials of Nature Lessons for Parents

日常生活里可以做的改变

不断发生的自然灾害

只要台风一来，许多地方都无法抵挡，导致家破人亡。（摄影／吴尊贤）

这几年的气候异象占据了所有的新闻头条，寒流、暴雪、酷热、干旱、暴雨、洪涝、台风、飓风或是热带风暴等轮番上阵，让人看得胆战心惊，也强烈感受到人类的渺小以及大自然的威力。

当然这些气候异常现象是否全部都是气候变暖所引起的，尚待科学家的进一步检验，但是显而易见的是全球变暖确实正在加速进行中，连带使全球的气候变化更加剧烈而且更难以预测。

人类不断地持续掠夺自然界的海岸、红树林、湿地、平原、山坡地以及集水区等，让原本脆弱无比的生态敏感区域在面对极端气候时更加脆弱，而使洪水、风灾等自然灾害进一步演变成更加严重的非自然灾害。而全球人口的持续增加，满足人类基本需求的公共建设、游憩区、桥梁、建筑物、发电厂，不断地入侵海岸、山林等原本十分脆弱的生态系，而在高风险地区大兴土木的行为，自然无可避免地使灾害对大自然与人类造成的伤害大幅增加。

对于许多生产粮食的农业地区而言，全球变暖使病虫害发生的几率更高，病原体或昆虫更加不容易消灭，而原本需要冬天低温的作物，因为缺乏越冬的条件而产量大减，同时气温的变化也使农作物的开花周期紊乱，进而影响到果实的收成。对人类而言，气候变暖使地球环境更适合病原菌滋生，如疟疾、莱姆病、西尼罗热等传染性疾病以及气喘等呼吸系统疾病的发病率将大为增加。同时极端气候也将使未来洪水的发生更加频繁，进而影响许多地区的饮用水安全，并大大降低水资源的天然洁净能力。

过去几年台湾发生的多次天然灾害，一次比一次剧烈，不仅雨量破表，就连地貌都大幅改变。我们的环境再也经不起一次又一次的洪水、泥石流，唯有认真检讨台湾的土地保护政策，保护山林与森林，每一个生活在台湾的人才有未来可言。

气候变化造就出许多无法预期的超级强台风。

即使没有台风，瞬间降雨的惊人雨量也会造成极大灾害。

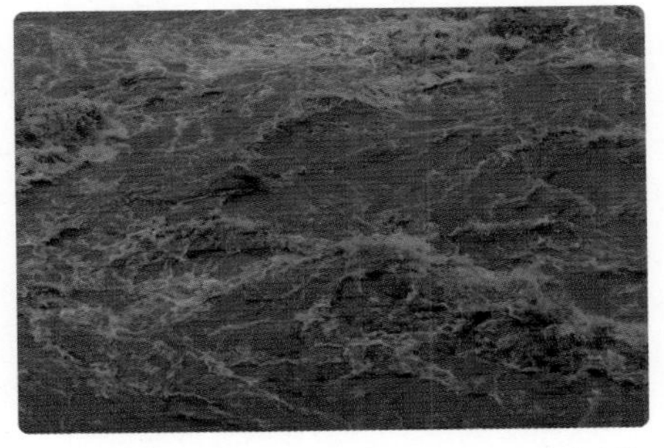

山洪暴发引发的泥石流一直不断地侵蚀着台湾的土地。

【后记】不一样的选择

2011年3月11日下午，电视新闻画面实时传来了日本东北地区大海啸，铺天盖地的强大力量，吞噬了一切，农田、房舍、汽车、道路、桥梁……人类进步的一切，在瞬间烟消云散，宝贵的生命也随之而逝。以前不曾亲眼目睹类似的可怕大灾难，大自然的威力让人觉得无助而渺小，海啸的滚滚黑水毁灭了一切。

但更可怕的是核电厂的灾变，海啸摧毁的还有可能重建，辐射外泄却会让土地、大海万劫不复，无法让人们继续在此生活。以往在台湾提出"非核家园"的愿景，即使环岛苦行，依然无法获得大多数人的关注，如今大家眼睁睁看到日本的悲剧，终于理解没有任何人可以保证一定安全，即使是先进如日本也一样无法阻止悲剧的发生。

日本地震海啸的灾害慢慢进入重建的阶段，大家紧绷的神经才稍稍舒缓，谁知台湾的食品饮料却爆发了大规模的塑化剂风波，牵连之广是始料未及的。衣食住行是每个人的基本需求，如果我们连吃一口安全、干净的食物都不可得，那还奢谈什么生活质量。

原来进步的生活不过是假象，如果没有干净的空气可以呼吸，没有清洁的水可以饮用，没有充足的阳光让万物生长，没有对身体有利的食材，那么人类汲汲营营追求的究竟是什么？在分工繁复的现代社会，要吃一口真正的食物却不可得，每一样贩卖的产品经过多少层层叠叠的加工、保鲜、处理、包装、运输、上架，看似完美新鲜的产品，却已垂垂老矣，而且添加了许多化学物质。

所谓"永续的餐桌"就是提倡选择对环境友善、对动物人道、符合生态保护的农业产品，特别是支持本地的小农，支持本地的食材，因为现在大家逐渐意识到选择食物就是选择我们环境的未来。唯有永续的本地农业可以生存，可以提供当地所需，我们才不必耗费大量能源运输远方的食物到消费地，价格看似便宜实惠，潜藏的环境成本却高得惊人。同样地，为了追求便利的生活，各式各样过度包装的商品到处可见，刺激消费的结果，背后的废弃物问题是昂贵的环境代价。

我们是否愿意为了环境的未来而稍微牺牲一点生活的便利性？或是一点口腹之欲？一切都将取决于我们的选择。如果每个人都能了解背后的事实以及环境的代价，相信大家一定愿意改变，以换取更加干净的空气，更加安全的饮水，更加有益健康的食物。

制作这本书的过程当中，参考了许多书籍、网站以及纪录片等，深深感受到改变的浪潮已至，人类面临的危机也是史无前例的，大自然生态一一崩解，如果再不及时改变，人类在地球上将无立锥之地。

没有人希望那样的悲剧发生，在一切还来得及的时候，从每天生活的改变做起，从一天三餐的选择做起，从家里的每一成员做起，重新寻回人与环境和谐共存的可能。

顺利完成了《自然老师没教的事》一书的续篇，要深深感谢天下文化这些年的支持，如果不是他们及时伸出援手，大树文化早在2006年即已画下休止符，也不可能持续耕耘至今。策略性联盟的经营模式，让我更无后顾之忧，可以全力投入自然丛书的编辑与制作，并发掘更多的作者，一起为台湾生态的永续未来而努力，但愿我们的每一步都会留下一丝痕迹。

此外，还要感谢我的合作伙伴黄一峰先生，如果没有他的专业摄影与插画作品，我想这本书的魅力也会大打折扣的，而他这些年的勠力以赴，也让大树文化丛书的质量有目共睹。当然，我也深深感激每一位曾经和大树合作过的作者，他们给予我的启发和激励是无以回报的，也让我始终怀抱着希望继续在自然丛书的出版上勇敢向前行。

【感谢】

感谢台湾海洋生物博物馆、海景世界企业股份有限公司、萧泽民先生协助图片拍摄，以及吴立新、于川、蔡迪等人提供珍贵的海洋摄影作品。

更谢谢在这本书的制作与拍摄过程中，所有帮助过我们的朋友！

【参考书目】

大地的窗口 珍古德著 麦田出版
大蓝海洋 瑞秋·卡森著 柿子文化出版
世界又热、又平、又挤 汤马斯·佛里曼著 天下文化出版
台湾贝类图鉴 赖景阳著 猫头鹰出版
台湾的珊瑚礁 何立德等著 远足文化出版
台湾珊瑚礁地图 戴昌凤著 天下文化出版
台湾珊瑚礁图鉴 戴昌凤 洪圣雯著 猫头鹰出版
台湾哺乳动物 祁伟廉 徐伟著 天下文化出版
台湾淡水鱼虾生态大图鉴（上）（下） 林春吉著 天下文化出版
台湾野果观赏情报 赖丽娟 徐光明著 晨星出版
台湾野花365天 张碧员 张蕙芬 吕胜由 傅蕙苓 陈一铭著 天下文化出版
台湾鱼达人的海鲜第一堂课 李嘉亮著 如果出版
台湾鸟类志 刘小如等著 “农委会林务局”出版
台湾种树大图鉴 罗宗仁 钟诗文著 天下文化出版
台湾蔬果生活历 陈焕堂 林世煜著 天下文化出版
台湾赏蛙记 潘智敏著 天下文化出版
台湾赏树情报 张碧员 吕胜由 傅蕙苓 陈一铭著 天下文化出版
台湾赏蝉图鉴 陈振祥著 天下文化出版
台湾赏蟹情报 李荣祥著 天下文化出版
用心饮食 珍古德等著 大块文化出版
自然老师没教的事 张蕙芬 黄一峰 林松霖著 天下文化出版
自然野趣DIY 黄一峰著 天下文化出版
自耕自食 奇迹的一年 金索夫著 天下文化出版
希望 珍古德 柏尔曼合著 双月书屋出版
我的自然调色盘 林丽琪著 天下文化出版
我的幸福农庄 陈惠雯著 麦浩斯信息出版
没有果实的秋天 杰可柏森著 天下文化出版

瓶罐蟋蟀 许育衔著 天下文化出版
这一生，至少当一次傻瓜 石川拓治著 圆神出版
野花999 黄丽锦著 天下文化出版
野鸟放大镜（衣食篇·住行篇） 许晋荣著 天下文化出版
菜市场鱼图鉴 吴佳瑞 赖春福 潘智敏合著 天下文化出版
感官之旅 艾克曼著 时报文化出版
新台湾赏鸟地图 吴尊贤 徐伟斌著 天下文化出版
跟着节气去旅行 范钦慧著 远流出版
蜘蛛博物学 朱耀沂著 天下文化出版
鸣虫音乐国 许育衔著 天下文化出版
燕鸥原乡澎湖 郑谦逊著 澎湖县湖西乡沙港小学出版
蚂蚁·蚂蚁 威尔森 霍德伯勒合著 远流出版
鲍鱼不是鱼？海洋生物的新鲜事 海鱼达人著 可道书房出版
缤纷的生命 威尔森著 金恒镳译 天下文化出版
苹果教我的事 木村秋则著 圆神出版
Green Inheritance By Anthony Huxley, Gaia Books Ltd.
Visions of Caliban By Dale Peterson & Jane Goodall, Sterling Lord Literistic, Inc.

【参考网站】

ACAP关怀保育行动台湾网站 http://www.taibif.org.tw/
Greenpeace绿色和平 http://www.greenpeace.org/taiwan/zh/
IUCN世界自然保护联盟 http://www.iucn.org/
TRAFFIC东亚野生物贸易研究委员会 http://www.wow.org.tw/
WWF世界自然基金会 http://wwf.panda.org/
“中研院”环境变迁研究中心 http://www.rcec.sinica.edu.tw/
台湾生物多样性信息入口网 http://www.taibif.org.tw/
台湾生物资源数据库 http://bio.forest.gov.tw/bio/
台湾海洋生态信息学习网 http://study.nmmba.gov.tw/
台湾鱼类数据库 http://fishdb.sinica.edu.tw/chi/home.php
台湾环境信息学会的环境信息中心 http://e-info.org.tw/
“行政院科学委员会” http://web1.nsc.gov.tw
“行政院农业委员会农粮署” http://www.afa.gov.tw/agriculture
荒野保护协会 http://www.sow.org.tw/index.do
台湾自然科学博物馆 http://www.nmns.edu.tw/
台湾海洋生物博物馆 http://www.nmmba.gov.tw/index.aspx
“环保署”绿色生活网 http://ecolife.epa.gov.tw/Cooler/check/Co2_Countup.aspx
http://www.seafoodwatch.org

图书在版编目(CIP)数据

爸妈必修的100堂自然课/张蕙芬著;黄一峰摄影、绘图.—北京:商务印书馆,2015
(自然观察丛书)
ISBN 978-7-100-11349-6

Ⅰ.①爸… Ⅱ.①张…②黄… Ⅲ.①自然—普及读物 Ⅳ.①N49

中国版本图书馆CIP数据核字(2015)第127370号

本书由台湾远见天下文化出版股份有限公司授权出版,限在中国大陆地区发行。
本书由深圳市越众文化传播有限公司策划。

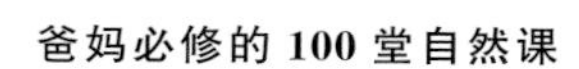

爸妈必修的100堂自然课

张蕙芬 著
黄一峰 摄影、绘图

商 务 印 书 馆 出 版
(北京王府井大街36号 邮政编码100710)
商 务 印 书 馆 发 行
北京新华印刷有限公司印刷
ISBN 978-7-100-11349-6

2015年8月第1版 开本 880×1260 1/32
2015年8月北京第1次印刷 印张 7
定价:49.00元